低醣生酮
瘦身便當

陳珠 著　宋在鉉醫師 監製

진주의 키토 도시락
我的一週減醣生酮便當，
跟著生酮夫婦大吃大喝減掉
46.4kg！

不用花費心力
去想要吃什麼、喝什麼，
我為你準備了低醣生酮便當，
就用這豐盛滿足的餐點，
度過充滿油脂又充實的一天吧！
這是低醣生酮料理研究家，
陳珠給各位的禮物。

序
·····

低醣生酮便當，讓我們夫妻瘦了 46.4 公斤

回想起來，無論是學生時期還是踏入社會之後，午餐時間是僅次於回家第二快樂的時光。可以大方地跟朋友、同事聊天，也可以稍微趴著小睡一下、讀點書，稍作休息。最重要的是，有為下午的自己充電的午餐正在等著我們。這麼有意義的時光，可不能放棄吃的幸福。

要開始低醣生酮飲食，確實有很多不能隨便買來吃的食物。但開始這樣的飲食方式後，我也自然而然會去幫老公準備便當。幫他準備便當的同時，我經常想到「總比在外面隨便買要好」。就這樣，我們一起控制飲食，感受到身體瘦了，也健康了。為老公準備便當變成理所當然的例行公事，但我也沒辦法老是為了便當準備特別的菜色。所以就用我一直以來奉行的低醣生酮飲食，來為老公準備便當。我在做前一天晚餐的時候，通常會多做一些，把多餘的分量盛起來給老公帶隔天的便當。

我的職業是料理研究家，從事開發、創造新菜色的工作，同時又在研究低醣生酮飲食，這也使我做菜的時間比一般上班族要多很多。對上班族來說，每天下班之後還要撥時間出來準備隔天的便當，實在不是一件容易的事。所以我才想要出版這本《低醣生酮瘦身便當》。比起過程複雜、追求美味的料理技巧，我更希望可以「用容易入手的食材，簡單完成美味的料理」。本書中介紹的所有菜色，都可以用來帶便當，同時也是平時就能享用的低醣生酮料理。

像雜誌照片那樣，用高雅的容器擺得漂漂亮亮的便當菜色，實在是太不現實，所以書裡的料理照片，大多都是拿一般上班族使用的容器來裝，也是我用來幫老公帶便當的便當盒。我站在每天準備便當的人的立場，挑選了只靠單一品項就能兼顧營養與美味的菜色。最重要的，當然還是可以讓大家吃飽。有很多菜色甚至是只要再搭一點配菜，就能看起來像兩人份一樣豐盛。

可以吃得這麼滿足又能瘦，真的是再開心不過了。朋友們的羨慕與關注，也會讓人感到非常有面子。無論是身體的各項數值或是體態，都能夠證明我逐漸擺脫各種發炎的問題，身體越來越健康，那還有什麼好說的呢？就用美味的便當，讓自己能隨時隨地享受生酮飲食吧！

——陳珠（低醣生酮料理研究家）

探究本書用法

① 酪梨佐辣絞肉

② 4 人份　一 二 三 四 五　每天都適合帶便當

③ 1 人份　熱量 364kcal　脂肪 25.3g　蛋白質 27g　碳水化合物 5.4g　膳食纖維 2.6g

⑤

⑥ 食材

豬絞肉 250g
牛絞肉 250g
豬油 1 大匙
青椒 1/2 顆
洋蔥 50g
鹽巴 適量
胡椒 適量
辣椒粉 1 大匙
奧勒岡 1/2 匙
孜然粉 1/2 匙
香菜粉 Tips1
牛腿骨湯 25
番茄罐頭 Tips
有機氨基酸無
蘋果醋 1/2
90% 黑巧克力

Tips

⑧ 1. 香菜粉跟
2. 罐頭裡的
都能用
茄，在煮
把番茄醬

來一碗熱騰騰又辣呼呼的辣絞肉，肯定會讓所有
。因為生酮飲食不吃沒有發酵的黃豆，所以我
替黃豆了。如果用酪梨搭配辣絞肉，再配酸奶
飽足感。

作法 ⑦

1　將青椒和洋蔥切碎。

2　把豬油倒入湯鍋中，先加熱融化後，青椒和洋蔥再下鍋炒。

3　待洋蔥變透明之後，將豬絞肉和牛絞肉下鍋，加鹽巴與胡椒調味，再加辣椒粉、奧勒岡、孜然粉、香菜粉拌炒。

4　等肉炒到半熟就倒入牛骨湯，加入番茄罐頭、有機氨基酸無鹽醬油、蘋果醋和巧克力熬煮。

5　待步驟 4 的鍋中煮沸之後就轉為小火，偶爾攪拌一下，燉煮至少 40 分鐘讓湯汁變得黏稠。Tips

6　最後再加鹽巴和胡椒調味。

> **Tips**
> 等湯汁變得比較黏稠後，可以再加一點點牛骨湯進去煮。

⑨

⑩

重點 POINT

· 辣絞肉要煮得夠久、夠濃稠才會對味，所以最好不要縮短燉煮的時間。

· 帶便當的時候，可以先把切塊的酪梨裝進便當盒，然後再淋上辣絞肉，最後撒上起司，然後酸奶油另外用別的容器裝起來。要吃的時候就用微波爐加熱辣絞肉，再淋上酸奶油即可。如果沒有酪梨，可以直接配酸奶油和切達起司吃。

1. 料理名稱
2. 料理分量（幾人份）
3. 1 人份或 1 個、1 片的熱量、脂肪、蛋白質、碳水化合物、膳食纖維（2～3 人份的話會以 3 人份為準、3～4 人份會以 4 人份為準來計算 1 人份的分量是多少）
4. 適合在哪天帶這個便當
5. 跟料理有關的故事
6. 食材
7. 作法
8. 食材 Tips
9. 作法 Tips
10. 重點 POINT

注意事項

· 本書中使用的食材，大多可在量販店、超市、便利商店等地方買到，只有少部分是透過海外網站購買。

· 熱量的部分，只要可以解決對脂肪的恐懼，就可以不必去計較可能會吃太多的問題。

· 每一道菜都會以數字標註一人份與單項熱量、脂肪、蛋白質、碳水化合物與膳食纖維的分量。

· 星期幾的標示，基本上可分為一、一二、一二三、三、三四、三四五、四五、五等方式。從標示上可看出哪些適合週末先做好，週一、二可直接包便當，哪些適合在懶得做便當的週三或週四帶，哪些適合先分裝冷凍好，留到週四或週五帶等等。可配合自己的生活模式來準備便當。

· Tips 的說明，有助我們更了解食材與料理方法。

· 重點 POINT 內將會說明合適的配菜與食材，也提供合適的吃法。

低醣生酮便當，
我要開動了。

目錄 Contents

目録 Contents

Part 1 大口吃肉便當

Part 2 優質蛋白海鮮便當

Part 3 百變蛋蛋便當

目錄 Contents

Part 4 輕食便當

Part 5 涼拌沙拉便當

輕鬆快速準備，低醣生酮瘦身便當

提前準備好

· 提前準備好一天或兩天的餐點分量放在冰箱。

· 放超過兩天以上的食物就冷凍。冷凍保存時必須要盡量減少與空氣的接觸面，這樣才不會太乾，口感跟味道也比較不會變差。

· 湯類料理請用塑膠袋裝起來密封。建議料理好之後先放涼，再分裝冷凍。

· 辣炒豬肉或烤雞等比起完全料理好再冷藏，建議還是先炒或烤熟到一定的程度，留下最後一個步驟不要完成，密封之後再冰起來，這樣才能夠減少與空氣的接觸，同時也能夠延長保存期限。要吃的前一天或前半天，再從冷凍換到冷藏，解凍後再料理即可。

先把菜做好，包便當超輕鬆

· **牛骨湯**　用塑膠袋分裝冷凍

· **肉丸**　烤好冷凍

· **早餐香腸肉泥**　分裝冷凍

· **波隆那肉醬**　用塑膠袋分裝冷凍

· **90 秒麵包**　先做好之後密封冷藏。要吃熱麵包時，再用抹了奶油的平底鍋煎就好。

· **洋蔥巴薩米可醬**　裝在可以容納湯匙伸入的玻璃瓶中冷藏。要用時可以拿到室溫下放一陣子，或是加一點在冷藏時會凝固，但在室溫下會融化成液體的橄欖油，攪拌一下再使用。

先買起來放著，要帶便當時就能派上用場

· **烤雞**　可以用於沙拉、三明治、義大利烘蛋的內餡。把雞肉撥下來分裝冷藏就可以分次使用，也可以長期存放。不過解凍過程可能會使細菌繁殖，建議要用於沙拉或不加熱的料理時，可以先稍微炒一下，放涼之後再使用。我通常是選擇好市多的烤雞。

· **醃蒔蘿**　這是一種不會甜，吃起來只有蒔蘿、醋與鹽巴味道的醃漬物。酸酸的非常開胃，非常適合帶便當。但如果喜歡一般醃漬物那種酸甜滋味，可能會失望。

· **醃辣椒**　我選擇的是沒有加糖，只用鹽巴和醋醃製而成的產品。又酸又辣，超級下飯。

· **小番茄**　可以帶幾個當配菜，也可以搭配沙拉，是便當的萬用食材。不過糖分較一般的番茄高，所以要注意別攝取太多。

· **納豆**　發酵的豆類食品，是生酮飲食中最推薦的食材。納豆對骨頭好，是很好的維生素 K 來源，建議可以常吃。雖然也會用於料理當中，但因為市售通常都是小包裝，建議可以直接拿一份配便當吃。不過隨包裝附贈的醬油大多都有調味，建議最好不要碰。

· **牛腿骨湯**　如果沒辦法自己熬湯的話，可以從市售產品中挑選沒有添加物，或沒有鹽巴調味的產品來使用。

方便又實用的便當盒

便當盒聰明用

· 因為大多都是比較油的料理，所以建議購買可以放到微波爐裡加熱的容器。把要加熱的食物裝在容器裡包上一層保鮮膜，然後再蓋上蓋子，等要加熱時把蓋子打開直接加熱就好。

· 如果是可以微波加熱的塑膠容器，建議鋪一張烘焙紙避免食物直接與容器接觸。

· 有湯汁或醬料的食物，請使用耐熱玻璃容器。食物裝好之後包一層保鮮膜，然後再蓋蓋子，這樣加熱比較方便。

· 如果是一定要趁熱吃才好吃的湯類料理，但當下的情況卻不允許加熱的話，可以使用保溫容器。

· 需要熱跟不用熱的食材（蔬菜棒、醬料等）裝在一起的話，可以用烘焙紙做成容器來盛裝，這樣會比較方便。

· 要拌調味醬或其他醬料吃的蔬菜料理，建議先不要跟醬料拌在一起，醬料另外放，等要吃的時候再用。

· 商店賣的小型圓形容器，可以用來分裝少量的調味醬或醬料。建議可以多買幾個放著，如果原本使用的容器被醬料染色或是有刮痕，就可以直接拿新的替換。

美觀好用的沙拉容器

· 可以用一個容器裝沙拉醬，另外一個容器裝沙拉的食材，就是沙拉瓶最大的優點，而且視覺上美觀又美味。

· 用沙拉瓶來裝沙拉的訣竅，在於先在底部倒入一層沙拉醬，然後再放上沾到醬料也不會變溼軟的食材，像是小番茄或是鳥蛋等等。葉菜類最後再裝，裝滿之後再蓋上蓋子就好。

· 如果容器太小，沙拉食材可能會塞得太過紮實，吃起來反而很不方便。若能另外拿個大碗或盤子，把整個容器裡的食材倒出來拌均勻再吃，這樣沙拉醬就能均勻的沾附到所有食材上。建議可以在公司放一個盤子或是碗，方便自己吃沙拉。

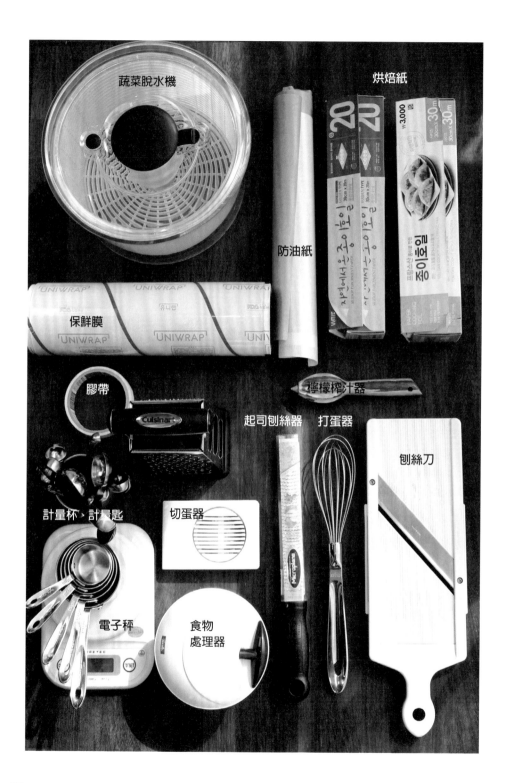

蔬菜脫水機　　　　　　　　　烘焙紙

防油紙

保鮮膜

膠帶　　　　　　　　　　　檸檬榨汁器

起司刨絲器　打蛋器

刨絲刀

計量杯、計量匙

切蛋器

電子秤　食物
　　　　　處理器

準備好這些工具，料理就方便多了

- **蔬菜脫水機**　可以用來幫助葉菜類脫水。尤其是常用到的高麗菜，可以先切絲，用冷水洗，然後再用蔬菜脫水機把水弄乾，最後裝進夾鏈袋裡。
- **電子秤**　透過自己攝取的飲食分量，可以得知是否正確達到「低醣」與「高脂」的目標，是低醣高脂飲食的必備品。
- **計量杯、計量匙**　計量杯的容量會依據每個國家的標準而不同，使用前請先確認，我是使用 240ml 的量杯。計量匙 1 大匙 =15ml，1 小匙 =5ml，是全球通用的標準。
- **起司刨絲器**　不光是起司，隨著刨絲器的孔洞大小不同，也可以拿來切蔬菜或是做花椰菜泥。建議孔洞大跟小的可以各買一個，依據用途來使用不同大小的刨絲器。我使用的刨絲器是 Microplane 的經典系列產品。
- **食物處理器**　在做花椰菜泥的時候很好用。
- **保鮮膜、拋棄式塑膠袋、膠帶**　在分裝肉類時，可以把肉裝在拋棄式塑膠袋裡，折到袋子裡完全沒有空氣之後（不用綁），再用保鮮膜緊緊捆住，就有不輸給真空包裝的效果。另外也可以在膠帶上寫下日期跟食材的名稱，貼在上面，然後再包一層保鮮膜，這樣膠帶即使冰進冷凍庫也不會掉下來。
- **烘焙紙**　可以鋪在烤盤上，或是要用烤箱、塑膠容器熱食物的時候，可以鋪在容器跟食物之間，避免食物直接與容器接觸，多鋪一張紙，洗碗時也會比較方便。稍微揉一下然後再攤開來裝食物，也可以減少食物因為撞擊而碎裂的可能。
- **防油紙**　是只有一面上了塗料的紙。上了塗料的那一面即使跟食物接觸也不會溼掉，另一面則可以用來貼膠帶，在包三明治或捲餅的時候很好用。其實就相當於速食店用來包漢堡的紙。
- **刨絲刀**　高麗菜絲刨得越細，做出來的煎餅就越紮實，也可以用來做飯糰之類的食物。另外也有做成像刨絲板或刀刃呈 T 字型的刨絲產品。
- **切蛋器**　可以把雞蛋切成固定厚度的工具，在做雞蛋沙拉的時候，先用切蛋器把蛋切片，再用叉子把蛋壓碎，做起來就方便多了。
- **檸檬榨汁器**　比起用手擠汁，用榨汁器輕鬆多了。檸檬榨汁器有很多種造型，這種木棍造型的產品比較不占位置。
- **打蛋器**　可以在做凱薩沙拉醬等沙拉醬時使用。

低醣生酮便當的預備食材

適合搭配的醬料、油品

- **有機氨基酸無鹽醬油** 沒有加小麥，而是指用黃豆製成的醬油，又稱作溜醬油。有時候市面上可以找到已經調味過的溜醬油，建議先確認產品原料是否為百分之百黃豆再購買。在調味料使用受限的生酮飲食中，可以調味的醬料幾乎沒有，所以絕對不能缺少這款醬油。目前我看過的所有產品，都是使用 non-gmo 有機黃豆製成的。如果沒有這款有機氨基酸無鹽醬油，那就用一般的醬油來替代就好。這款醬油可以透過國外的網站直接購買。但椰子氨基醬油比較沒那麼鹹，跟這款醬油的口感差比較多，所以若是使用椰子氨基醬油，則不能參考食譜中提供的分量。

- **橄欖油** 請使用初榨橄欖油。購買之前，請先確認產品是冷壓製造。酸度在 0.8% 以下的才是屬於初榨橄欖油。

- **椰子油** 雖然是植物油，但飽和脂肪酸的含量非常高。非精緻的初榨椰子油含有豐富的營養，可以幫助我們在低醣高脂飲食期間，更順利的代謝脂肪。不過因為椰子油有個特殊的味道，所以我們不會用來做菜，或只會在適合椰子味道的幾道料理中使用。

- **酪梨油** 主要用在不需要額外加熱也可以直接吃的料理中。

- **豬油** 因為是可以加熱的油，所以需要加熱的時候大多會使用豬油來料

理。不過使用豬油的料理冷掉之後口感會變差，所以大多用於需要趁熱吃的料理中。我是買了一大桶的豬油回來放著用。大包裝通常比小包裝便宜，但因為大包裝大多是 14 公斤，也不是能讓人豪爽買下來的產品。

如果計畫要買一大桶豬油，建議先準備可以分裝的玻璃容器。玻璃容器要小，且數量多，但開口最好是可以讓湯匙伸進去的大小。如果用玻璃容器分裝豬油，蓋子一定要蓋緊，並且放在不會照到陽光的地方，我是放在雜物間的收納櫃裡。

只要開封之後，就要盡快用完。如果豬油壞掉，用聞的就可以聞得出來，所以不要小氣，壞掉就要馬上丟掉。

· **奶油**　進行低醣生酮飲食的時候，一定要攝取足夠的鹽分，所以不需要刻意只買無鹽奶油，書裡要是沒特別說，那就用無鹽奶油就好。

· **酥油**　雖然可以加熱，但因為有特殊的香味，所以會用在適合奶油香的料理。

· **生紫蘇油**　請使用低溫壓榨或冷壓製造的紫蘇油。我是拿公婆用心栽種的紫蘇直接榨油來使用，如果各位也想自己榨，只要把紫蘇洗乾淨，炒到水分都揮發掉後再拿來榨就好。生紫蘇油請冷藏保存。主要會用在適合生紫蘇油味道的韓式料理，或是製作沾烤肉用的粗鹽醬，做為麻油的替代品。

· **魚露**　因為不用蠔油等市售的產品，所以魚露就是適合拿來提味的選擇。很多魚露都有加糖，我推薦韓國產魚露，購買之前請確認是否有加糖。除了魚露之外，沒有加糖的明太魚子醬、蝦醬，也都是適合用來提味的選擇。

· **鯷魚膏**　因為是管狀的，所以要用多少就擠多少，剩下的冰起來就好，

在做凱薩沙拉醬時很方便。有時候也可以拿來代替鹽巴，加一點到料理中幫助提味。

- **醋** 料理時主要使用蘋果醋，做沙拉醬的時候則會使用紅酒醋或巴薩米可醋。巴薩米可醋含糖，所以吃的時候要注意分量，但我們吃便當的時候通常人都在外面，活動量也比較大，所以料理的調味會比較重，有時候就會用到巴薩米可醋。不過拿巴薩米可醋熬煮製成的巴薩米可醋膏，會為了讓調味料本身更濃稠而加入糖漿等糖類，建議最好避開。

- **罐裝番茄** 比起使用生的番茄，更建議買這種不需要擔心食材壞掉，而且保存起來非常容易的罐頭，在做燉菜或需要番茄的湯類料理時，就能夠隨時有番茄可用。但開封之後很容易發霉，所以用剩的一定要記得冰起來。

- **番茄醬** 因為不是常用的食材，所以我推薦保存方便的管狀番茄醬。我沒有特別挑品牌，只要看到管狀的番茄醬就會買起來放著，通常都是從國外的網站購買。

- **鮮奶油** 不管是打過的鮮奶油還是沒打過的鮮奶油，只要確

認原料是否為百分之百動物性奶油或牛奶即可。但即使是動物性奶油，如果有加糖或是香草也還是不能用，請多留意。

· **酸奶油**　因為是發酵的奶油，所以脂肪含量較高，又帶有酸味，適合拿蔬菜棒沾著吃，或是搭配生酮煎餅享用。我通常會買丹麥廠商生產的產品。

· **椰奶**　在做咖哩的時候，椰奶就是非常有用的食材了。市面上有罐裝跟紙包裝的，建議盡可能選擇添加物較少的產品。如果是乳化劑含量較低的產品，在溫度較低的季節打開，可能會發現油水分離，而且油脂會黏附在包裝上面，只要攪拌過後就可以使用了。

· **是拉差香甜辣椒醬**　是可以代替辣椒醬的醬料。但內含一點碳水化合物，所以分量要控制。

· **美乃滋**　最好可以在家自己做，但如果不方便的話，我也會買市售的產品，我通常會買亨氏美乃滋。

· **無糖番茄醬**　我使用的是亨氏無加糖番茄醬。因為不是使用天然調味料的產品，所以我不太建議使用，但如果想要吃到美味的生酮料理，這款番茄醬偶爾還是會派上用場。

· **黃芥末醬**　我會配合不同的料理使用黃芥末醬或是芥末籽醬，絕對不能用蜂蜜芥末醬。

· **胡椒**　我是使用嚴選粗粒黑胡椒或直接磨胡椒來使用，不使用胡椒粉。

· **無糖蒸餾燒酒**　味道跟清酒很像，我通常是用來代替一般的料理酒做為料理用酒。

香草類

　　為了品嘗到不同國家的美味，偶爾會需要這些香草，但因為不是常用的食材，如果放太久很可能會變質。尤其是潮溼炎熱的夏天，如果放在室溫下沒保存好，可能會發霉或長蟲，請一定要冷藏。

① 鼠尾草
② 香菜
③ 奧勒岡
④ 香芹
⑤ 月桂葉

香料類

　　為了提味、增加料理的香味或是醃漬食材，有時候會使用這些香料。跟香草一樣放太久很可能變質，所以請冷藏保存。我都是從海外網站直接購買，或是去外國旅行時買回來使用。

① 肯瓊香料
② 咖哩粉
③ 辣椒粉
④ 香蒜粉
⑤ 甜椒粉
⑥ 薑黃粉

粉類

① **泡打粉**　請選擇不含鋁的產品。有些泡打粉會跟雞蛋起化學反應，產生阿摩尼亞的味道，我使用的產品是鮑伯紅磨坊的無鋁泡打粉。

② **杏仁粉**　是在做 90 秒麵包的時候必備的食材。市售的杏仁粉就算是標榜 100% 杏仁粉，但有些產品在進口的時候還是會摻雜一點麵粉，所以買之前最好再確認一下。價格越便宜，就越有可能混麵粉。

③ **青香蕉粉**　在做中華風熱炒料理的時候，為了讓食材看起來更油亮有光澤，會用青香蕉粉來代替澱粉。碳水化合物的含量 1 小匙大約是 3g 左右。

④ **赤藻糖粉**　甜度相當於砂糖的 70%，是一種天然調味料，糖醇這種物質不太會溶解，所以用攪拌器打碎再使用，溶解的速度會稍微快一點。用於料理中的赤藻糖醇，都是以粉狀的形式來計量的。

⑤ **赤藻糖醇**　甜度相當於砂糖的 70%，是一種糖醇物質。如果使用的不是單純的糖醇，而是在赤藻糖醇中添加甜菊、羅漢果、寡糖以提升甜度的產品（NATVIA、羅漢果代糖、Swerve）等，那用量要比食譜中標示的赤藻糖醇分量再少一些。

⑥ **炒過的鹽**　如果沒有特別說明，就使用在一般超市可以買到，顆粒比較細的鹽。

這些食材盡情吃吧

在進行低醣生酮飲食的時候，只要放下自己過去對脂肪的恐懼，就有很多食物能讓你吃得很開心。可以盡情吃到飽的食物當中，包括肉類、海鮮跟葉菜類喔！

肉

- **牛肉** 油花超美的韓牛，不管什麼時候吃都是人間美味。書中除了牛五花之外，所有的牛肉都是用韓牛。牛肉請盡量選擇脂肪含量較高的部位。多用排骨（肋排）或牛五花之類的部位，用牛腰肉或是里肌肉也不錯。在料理少脂肪較清爽的部位時，可以加點奶油或是豬油搭配使用。

- **豬肉** 推薦豬頸肉、五花肉或是松阪肉。在料理脂肪不足的部位時，可以搭配豬油或是奶油。而韓國產的豬肉最棒的當然還是韓豚了。

- **雞肉** 建議雞肉要連皮一起吃，使用的部位通常是大腿肉或是雞翅。如果食材需要已經煮熟的雞肉，那也可以使用烤雞。

加工食品

- **香腸** 雖然不建議使用香腸，但買來放著在帶便當的時候還是能派上用場。買香腸時，最好是買肉含量達 90% 的，而且要選脂肪含量比蛋白質含量高的。我通常是買 IKEA 或是 BISTRO 的香腸。

- **培根** 跟香腸一樣，不是很建議使用培根，但培根依然是很有用而且常常會用到的食材。我都是買 COSTCO 的 Kirkland Signature 培根。

蔬菜

- **沙拉用葉菜類**　如果可以先把 2 ～ 3 天內用完的沙拉用葉菜類洗好放著，這樣準備便當的時候就可以直接切，所以建議整盆蔬菜洗好後放進夾鏈袋冰著，這樣準備便當的時候可以直接用手剝或切下來，裝到便當容器裡。

- **高麗菜**　我們常會用高麗菜代替白飯，先切成絲放著，要用的時候就很方便。切絲後可多次泡冷水清洗，用蔬菜脫水機脫水後再放進夾鏈袋，這樣大約可以放一個星期左右。

家裡先準備著最好

- **小包裝奶油**　身上帶幾個這種小包裝的奶油很方便，從湯到各種餐點都可以搭配。我老公喜歡在點心時間吃冰的奶油，所以我會準備很多讓他可以放在公司的冰箱。如果不是外出時要吃，或是要放在冰箱裡隨時吃的話，那我推薦用容器包裝的產品，而不是紙包裝的產品。

- **起司條等小塊起司**　如果可以吃乳製品的話，那還有比起司更好的選擇嗎？盡量避免低脂或是有水果乾的產品，確認成分標示，挑選脂肪含量較高的起司吧。軟起司的碳水化合物含量比較高，請不要吃太多。大部分的天然起司成分都很棒。每個人的狀況可能都會不太一樣，不過如果吃了乳製品導致體重不斷上升的話，那還是減量比較好。

- **純度百分之 90 以上的巧克力** 純度百分之 90 左右的巧克力，是比想像中還甜的點心，很適合搭配熱茶或是堅果類的果醬吃。

- **夏威夷豆、核桃等堅果** 堅果類也是很棒的點心，不過吃太多的話可能會攝取太多碳水化合物，所以一定要注意分量。比起只吃堅果，我建議搭配熱茶一起享用，可以增加飽足感。

- **煮熟的雞蛋** 煮熟的雞蛋很有飽足感，而且也是非常好的脂肪來源。我老公公司附近的餐廳，如果有不錯的湯料理時，我就會在便當裡帶很多雞蛋給他搭配。

- **橄欖** 又鹹又香的橄欖分量雖然不多，但卻能有助消除飢餓感。大型超市或百貨公司食品區的冷藏橄欖都很美味。塑膠包裝的小份橄欖雖然沒有冷藏橄欖那麼好吃，但帶在身上很方便，我會買一些來給老公當零食。

- **橄欖油沙丁魚罐頭** 沙丁魚罐頭居然可以拿來當點心，大家可能會覺得有點奇怪，但其實意外地好吃又飽足。我都會直接上國外的網站買，扁扁的罐頭分量不多，存放方便攜帶也方便，搭配沙拉吃也非常美味。

- **橄欖油煙燻牡蠣罐頭** 燻牡蠣罐頭的分量也不多，保存、攜帶都很方便。

- **堅果醬** 像是杏仁醬等用堅果類製成的果醬，是非常好吃的點心，但要注意碳水化合物的攝取量。

外食或聚餐時能派上用場

· **湯類**　如果不是加了糖的火鍋，一般的湯料理會有比較多選擇，而且也比較有飽足感。包括雪濃湯、排骨湯、辣牛肉湯、內臟湯、烤腸火鍋、海鮮辣湯飯、泥鰍湯、豬肉湯飯等。雪濃湯店家大多都會有醃蘿蔔或是生醃白菜，這部分需要多注意，完全醃熟的泡菜則比較沒關係。

· **麵與飯**　有加麵或飯等主食的料理，建議可以請店家不要加麵或飯，其他的食材全部照放，或是自己帶水煮蛋去配，這樣比較能吃飽。

· **烤肉**　這是最有飽足感，又最可以放心吃的外食選擇。不過最好盡量避開用醬料醃過的肉，也要注意烤肉店的包飯醬。建議可以自己帶生紫蘇油，做一點粗鹽醬來沾，或者也可以請店家給你沒有調味的純大醬來代替包飯醬，另外也可以沾鹽巴或胡椒。

· **拌飯**　有幾種醬料需要擔心，但這算是比較沒問題的選擇。可以不要吃白飯，或是只留一些白飯拌著吃，另外也可以問問店家，能不能加價用一顆煎蛋代替白飯。另外也可以帶個酪梨去代替白飯拌來吃，就能品嘗到美味的酪梨拌飯。

· **調味醬與醬料**　有附調味醬或是沙拉醬的料理，建議點餐時請店家不要把醬淋在食材上，而是把醬料另外裝起來。拿食材去沾調味醬或是沙拉醬，試看看可不可以吃。但可惜的是，許多餐廳的醬料大多有加糖。

· **酒**　聚餐很難避免，又很難逼自己不要喝的東西就是酒。可以的話盡量不要喝才對，但如果非喝不可，建議盡量不要喝啤酒或馬格利等穀物釀造的酒，而是改喝蒸餾酒。如果是葡萄酒，則建議選不帶甜味的紅酒。如果是燒酒的話，沒加任何糖的蒸餾燒酒會比我們常喝的燒酒要好。

· **咖啡與茶**　建議喝香草茶、紅茶、綠茶等熱茶。咖啡也可依照個人喜好喝個一、兩杯，但絕對不能喝加糖跟奶精的三合一咖啡。在咖啡裡加奶油或是椰子油的防彈咖啡，也可以在短時間內幫助自己維持飽足感。最近市面上也出現許多防彈咖啡的產品，有一些會添加添加物與糖，建議購買之前先確認成分。

保健食品

適時補充能量，維持健康好體力

有人說持續吃生酮飲食，就能攝取到足夠的礦物質跟維生素，不需要另外吃保健食品。但我們夫妻從開始生酮飲食之前，就一直很在意健康，所以持續有在吃保健食品。為了可以持續服用，所以我們選擇在價格上不會有太多負擔的產品。吃完如果沒有什麼負面的影響，就會基於讓自己安心而繼續吃，現在我們吃的保健食品是下面這些。每個人需要的保健食品與用量都不一樣，請各位參考一下，選擇適合自己的就好。

· **鈣** 形成骨頭的成分，主要是為了預防骨質疏鬆而服用。為了人體重要的功能，像是防止肌肉萎縮、神經細胞反應等生理作用，是身體必須的營養。會跟鎂產生作用、相互影響，所以如果有在補充鎂的話，也可以搭配一起服用。

我們在吃的產品：Solgar CALCIUM "600"

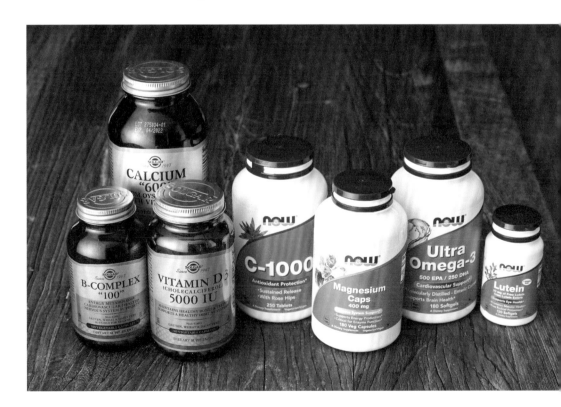

· Omega-3　這是形成細胞膜的物質，可以去除中性脂肪，具有抗發炎的效果。尤其是 DHA，更是大腦功能發展所必須的成分。我們吃的食物當中，Omega-6 的含量非常高，所以在補充 Omega-3 的時候，只要調整好比例，就可以降低發炎的機率。最近的產品劑量大多是 900 以上，我們也建議選擇這樣的產品。

　　我們在吃的產品：now Ultra Omega-3 與 Solgar 的 Omega-3 950mg 交替著吃。

· **維生素 C**　這是最具代表性的抗氧化營養素，也能幫助身體合成膠原蛋白。因為人體不會自行合成，所以必須另外補充。

　　我們在吃的產品：now C-1000，一天吃 3,000 毫克。

· **鎂**　生成骨骼或身體的能量所必需的營養，可以刺激許多種酵素更加活絡，是人體所需要的營養成分。在進行低醣高脂飲食的過程中，常常會有水分流失與鎂含量不足的問題，所以要多注意補充鎂。

　　我們在吃的產品：Solgar MAGNESIUM with VITAMIN B6

· **葉黃素**　這是堆積在視網膜黃斑部的類胡蘿蔔素，具有防止黃斑部病變的效果，為了眼睛的健康，最好搭配服用。

　　我們在吃的產品：now Lutein 10 毫克

· **維生素 B**　這是在食物吸收、代謝過程中會產生作用的維生素。在改變飲食習慣的時候，為了提高身體的代謝功能，這是不可或缺的營養成分。

　　我們在吃的產品：Solgar B-COMPLEX "100"

· **維生素 D**　曬太陽的時候皮膚就會自動合成維生素 D，但現代人幾乎都有缺乏維生素 D 的問題，所以還是透過口服來補充比較好。維生素 D 可以幫助鈣質吸收，在細胞分裂與免疫力上扮演重要的角色。數值在 30 以上表示正常，最好可以維持在 50 ～ 60 左右。

　　我們在吃的產品：Solgar VITAMIN D3 500IU，根據維生素 D 的檢查結果，每天或每兩天吃一次。

· **消化酵素**　如果平常很少吃脂肪或是肉的人，一開始最好可以搭配消化酵素一起吃。酵素可以幫助消化，也可以更有效地分配能量，能幫助降低過敏的機率。

那接著，
來看一下生酮便當吧！

大口吃肉便當

在低醣生酮飲食的世界中，肉類占了很大的一環，

豐富的蛋白質與脂肪，能滿足我們對能量供給與補充高脂的需求，

雞大腿、牛絞肉、豬五花，厚實又滿足，

在休息的午餐時間，好好享受肉品帶來的美好，為下午的奮鬥加油！

愛吃肉的你一定不能錯過這一章節。

雞肉巧達濃湯

3 人份　週末做起來 一 二 帶便當

1 人份	熱量	脂肪	蛋白質	碳水化合物	膳食纖維
	567kcal	48.9g	24.9g	6.3g	1.3g

巧達濃湯是以用麵粉製成的麵糊（roux），加入奶油或是牛奶使其變得更加濃稠的湯。我們比較熟悉的是會加蛤蜊或其他甲殼類等海鮮及馬鈴薯的巧達濃湯，但用雞腿肉做成的巧達濃湯也很美味喔。

食材

雞肉 250g（大腿肉）
花椰菜 100g
培根 50g
洋蔥 50g
芹菜 30g
鮮奶油 250 毫升
牛腿骨湯 1/2 杯 *
碎切達起司 Tips 50g
不甜的白酒 20 毫升
奶油 10g
豬油、鹽巴、胡椒 適量
享用時搭配的切達起司 適量

＊ 1 杯是 240 毫升

Tips

碎起司是切成小塊碎絲的起司。

作 法

1. 將洋蔥、芹菜、培根切碎，花椰菜切成一口大小。
2. 湯鍋熱好之後加點豬油下去，同時在雞腿肉的兩面抹上鹽巴，然後雞腿肉下鍋煎熟。
3. 將**步驟** 2 的雞腿肉切成一口大小。
4. 培根下鍋炒一炒，炒熟後即加入洋蔥、芹菜、奶油，然後再用鹽巴和胡椒調味拌炒。
5. 等洋蔥炒到變半透明，就可加入**步驟** 3 的雞腿肉，然後倒入白酒再稍微翻攪一下。
6. 在**步驟** 5 的鍋中加入鮮奶油、牛腿骨湯，等開始沸騰之後就轉為中火，煮 10 分鐘左右，過程中偶爾攪拌一下。
7. 加入花椰菜，滾至花椰菜熟了之後即轉為小火，加入碎切達起司讓起司融化。如果覺得調味不太夠，就再加鹽巴和胡椒調整。

重點 POINT

- 要吃的時候再撒一點碎切達起司風味更佳。
- 可以用抱子甘藍代替花椰菜，如果是使用抱子甘藍的話，可以在**步驟** 6 加鮮奶油和牛腿骨湯的時候，一起把抱子甘藍加進去煮，這樣才煮得夠久，可以把抱子甘藍煮爛。

雞肉什錦偽炒飯

2 人份　　週末做起來 一 二 帶便當

1 人份	熱量	脂肪	蛋白質	碳水化合物	膳食纖維
	592kcal	41.7g	38.9g	17.6g	5.2g

這是一道在什錦飯加入雞肉或海鮮，再搭配肯瓊香料提味的偽飯料理。只要有肯瓊香料，即使是冰箱裡剩餘的食材也能做出美味的什錦飯，想吃辣的時候再適合不過了！

食材

雞腿 300g（大腿肉）
香腸 120g
高麗菜 300g
洋蔥 50g
芹菜 30g
甜椒 1/2 顆
豬油 1 大匙
鹽巴 適量
奶油 20g
蒜泥 1/2 小匙
胡椒 適量
番茄醬 1/2 大匙
肯瓊香料 1 大匙

作法

1. 將雞大腿肉切成 3 公分寬的大塊，香腸斜切片，高麗菜切絲後用冷水清洗數次，再用蔬菜脫水機脫水。洋蔥和芹菜切碎備用，甜椒則切成 1 公分大小。

2. 將豬油放入平底鍋，同時雞肉抹上鹽巴，然後下鍋煎熟。

3. 在剛剛煎雞肉的平底鍋中直接加入奶油，然後放入蒜泥、洋蔥、芹菜，加胡椒和鹽巴拌炒。

4. 等洋蔥炒到變成半透明就加番茄醬，拌勻之後再加高麗菜、香腸、煎好的雞肉、甜椒、肯瓊香料，然後用大火快炒。

5. 等食材都熱得差不多了就轉為中火，多煮一段時間讓高麗菜變軟，調味如果不夠就用鹽巴和胡椒調整。

重點 POINT

- 用高麗菜絲代替白飯，不僅能帶來飽足感，也可以省略煮飯的步驟，做起來簡單又快速。
- 肯瓊香料是在洋蔥粉、蒜頭粉、鹽巴中加入辣椒粉，能讓料理產生辣味。雖然不是韓式料理中常見的調味，但可以簡單快速地做出什錦飯，建議可以試試看。在做「什錦雜燴」時加一點會更好吃。

咖哩美乃滋雞翅

1 人份　有點疲累的日子 ☰ 帶便當

	熱量	脂肪	蛋白質	碳水化合物	膳食纖維
1 人份	854kcal	64.5g	58.8g	5.9g	1.5g

這道菜的味道不會太刺激，很適合當午餐。搭配黃瓜和芹菜去沾酸奶油來吃，口味非常清爽。

食 材

雞翅 500g（上翅）
美乃滋 3 大匙
咖哩粉 1 小匙
黃芥末醬 2 大匙
赤藻糖醇 1 小匙
鹽巴 1/2 小匙

作 法

1 先把雞翅洗乾淨，再用廚房紙巾把剩餘的水分擦乾。

2 在 **步驟** 1 的雞翅均勻塗上美乃滋、咖哩粉、黃芥末醬、赤藻糖醇、鹽巴。

3 在一個大的烤盤上鋪烘焙紙，將 **步驟** 2 的雞翅攤平放上去，放入以 210℃ 預熱好的烤箱烤 20 分鐘，翻面再烤 10 分鐘。

重點 POINT

市售可以烘烤的咖哩粉，都有加麵粉或是澱粉，煮咖哩用的咖哩粉則是只有加香料，建議使用煮咖哩用的咖哩粉。

蔬菜烤雞

4 人份　週末做起來 一 二 帶便當 / 醃好以後冷凍 四 五 帶便當

1 人份	熱量	脂肪	蛋白質	碳水化合物	膳食纖維
	797 kcal	61.9 g	49.4 g	10.5 g	3.2 g

雞肉在用烤箱烤之前，可以先在醃好的狀態下冷凍，所以在不想做便當的星期四或星期五，就可以派上用場。上班前，就順便放進烤箱裡烤吧！烤好之後裝進便當盒裡，就不需要另外加熱，可以在微溫的狀態下享用。

食 材

雞肉 Tips　1 公斤（辣炒雞湯用）
花椰菜 1 顆（200g）
南瓜 200g
高麗菜 200g（或抱子甘藍）
酥油 40g
鹽巴 適量
胡椒 適量

醃漬醬料

酪梨油 4 大匙
檸檬汁 3 大匙
乾奧勒岡 1 大匙
鹽巴 2 小匙
蒜泥 1 小匙

Tips

> 如果整塊雞肉拿去烤，
> 一公斤的雞肉要用 200℃
> 烤至少 1 小時。

作 法

1　先把雞肉洗乾淨，再用廚房紙巾把水擦乾。

2　把醃漬用的醬料調好，攪拌到鹽巴完全融化之後，再均勻抹到**步驟 1** 的雞肉上。

3　將花椰菜切成一口大小、南瓜切成大塊，高麗菜則切成方便食用的大小。

4　在**步驟 3** 的蔬菜上撒點鹽巴，然後跟酥油一起拌勻。Tips

5　將雞皮朝上，將雞肉鋪在寬大的烤盤上，然後用蔬菜把整個烤盤鋪滿，並用 250℃ 的烤箱烤 30 分鐘。

6　出爐後將蔬菜拿起來裝進便當盒裡，然後將雞肉翻面再多烤 10 分鐘。

Tips

> 用酥油拌蔬菜時，建議
> 戴著手套用手直接拌，
> 這樣比較拌得開。

重點 POINT

- 如果使用切好的雞肉，烤的時間會短一點。
- 先把雞肉醃好用夾鏈袋分裝起來，這樣就可以隨時使用，只要在前一天晚上放進冷藏解凍，再拿去烤就好。
- 雞肉與蔬菜注意不要疊在一起，要全部平鋪開來。
- 因為一次要烤的量很多，所以如果烤箱跟烤盤的尺寸不大，建議可以把蔬菜跟肉分開來烤，這樣就能縮短時間。記得邊確認食材狀況，邊調整烘烤時間。

巴薩米可雞腿排

2 人份　有點疲累的日子　☰ 帶便當

1 人份	熱量	脂肪	蛋白質	碳水化合物	膳食纖維
	633 kcal	40 g	64.4 g	2.7 g	0.1 g

這是在混合了巴薩米可醋的微甜醬料中,加入迷迭香增添氣味的雞腿排。就算是沒有在吃生酮飲食的普通家庭,也可以做這道菜來配飯喔!

食 材

雞肉　500g(大腿肉)
新鮮迷迭香　1株(約15公分)

醃漬醬料

巴薩米可醋　2大匙
有機氨基酸無鹽醬油
　1大匙+1小匙
無糖蒸餾燒酒　2大匙
赤藻糖醇　1小匙
胡椒　適量

作 法

1　先將雞腿肉洗乾淨,用廚房紙巾把水擦乾。

2　將新鮮迷迭香切成2～3等分。

3　把醃漬醬料調好,然後將雞肉與迷迭香醃10分鐘。

4　將**步驟3**醃好的食材倒入平底鍋後開中火燉煮10分鐘,燉煮過程中注意雞肉要前後翻動。

5　等醬汁收乾,雞肉兩面都煎至金黃之後,就可以起鍋。

Tips

這裡如果是用乾迷迭香,吃的時候可能會結塊,建議使用新鮮的迷迭香比較適合。新鮮迷迭香在料理完之後撈出來即可。

重點 POINT

巴薩米可雞腿可以排搭配煮熟的南瓜與加鹽奶油,或是搭配已經熟透的酪梨,這樣不僅能有飽足感,也能保持營養均衡。

培根雞腿肉鮮蔬捲

1 人份　有點疲累的日子 ㊂ ㊃ ㊄ 帶便當

	熱量	脂肪	蛋白質	碳水化合物	膳食纖維
1 人份	776kcal	61g	45.8g	14g	8.4g

可以同時品嘗到新鮮蔬菜、雞肉與培根。用紙包起來切成一半，然後再撕開來吃，吃起來會更有趣一些。也可以搭配氣泡水一起享用。

食材

雞肉 200g（大腿肉）
鹽巴 適量
豬油 1 大匙
胡椒 適量
培根 2 片（60g）
酪梨 1/2 顆
番茄 1/2 顆
大萵苣葉 3 ～ 4 片
美乃滋 1 大匙
是拉差香甜辣椒醬 1 小匙

作法

1 先在雞腿肉撒點鹽巴，然後用抹了豬油的平底鍋，煎至正反兩面都呈金黃色，再撒上胡椒後裝盤備用。

2 把培根煎熟，酪梨與番茄切片備用。

3 把萵苣葉鋪在保鮮膜或防油紙上 Tips，放上雞腿肉之後，再抹上美乃滋和是拉差辣椒醬。接著放上培根、酪梨、番茄，然後再把萵苣捲起來。

4 用墊在下面的保鮮膜或防油紙，把整個內餡捲起來定型。

防油紙只有一面上防油塗料。上了塗料的那一面要跟食物接觸，沒有上塗料的那面則是朝外，這樣就可以貼上膠帶固定起來。

重點 POINT
烤好的雞腿肉與培根完全放涼之後才能放進萵苣葉裡，這樣包裝上才不會有水。

甜椒烤咖哩雞

2 人份　一次準備兩天份的便當吧 三 帶便當

1 人份	熱量	脂肪	蛋白質	碳水化合物	膳食纖維
	519kcal	43g	25.8g	9.8g	2.1g

在開始生酮飲食之前，做這道咖哩雞都會加蔓越莓乾或是葡萄乾，現在改用甜椒代替，發現甜椒的味道完全不輸蔓越莓乾或葡萄乾，很棒喔！

食 材

雞胸肉 200g
芹菜葉 適量
鹽巴 適量
芹菜 50g
核桃 20g
美乃滋 100g
咖哩粉 Tips 1/2 小匙
甜椒 2 顆（中等大小）

Tips

咖哩粉是以煮咖哩用的香料製作而成的。超市常見的咖哩粉都會加澱粉、麵粉和植物性油，建議最好不要用。

作 法

1　將雞胸肉和芹菜葉裝在湯鍋裡，加入可以蓋過雞胸肉的冷水，加點鹽巴之後再用中火煮。

2　等**步驟 1** 的水煮開後就關火，蓋上蓋子悶 10 分鐘把雞胸肉悶熟。 Tips

3　把**步驟 2** 的雞胸肉撈出來撕碎，芹菜切碎，核桃則切成更小的顆粒。

4　將雞胸肉、芹菜、核桃加美乃滋和咖哩粉拌勻，做成咖哩雞沙拉。

5　把 2 顆甜椒各切成一半，將籽去除之後，裝入**步驟 4** 的咖哩雞沙拉。

用步驟 1 和 2 的方法來料理雞胸肉，煮出來的雞肉就不會太柴。

重點 POINT

也可以直接拿烤雞等已經煮熟的雞肉剝成雞絲。

醬油烤雞翅

2 人份　有點疲累的日子 三 四 五 帶便當

1 人份	熱量	脂肪	蛋白質	碳水化合物	膳食纖維
	794kcal	55.2g	66.9g	3g	0.4g

這道菜味道很簡單，又有一點甜，是小朋友會喜歡的味道。雞翅 500g 是一個人就能解決的分量，但因為這樣蛋白質的攝取量比較多，所以我還是抓一人份 250g 左右。也可以另外搭配蔬菜棒、酸奶油或是油沙拉醬，做成簡單的沙拉來吃。

食材

雞翅 500g（前翅）
洋蔥 50g
蒜泥 1 小匙
有機胺基酸無鹽醬油 2 大匙
赤藻糖醇 1.5 大匙
醋 Tips 1 大匙
酪梨油 1 大匙

料理中雖然加了醋但不會酸，主要是要讓味道更清爽。

作法

1　將除了雞翅以外的食材，用迷你攪拌器打在一起。

2　把雞翅洗乾淨，將水擦乾之後放進**步驟** 1 打好的蔬菜泥裡，拌勻之後靜置 30 分鐘。

3　在一個大的餅乾烤盤上鋪烘焙紙，將多餘的醬料甩掉，然後將雞翅放在烤盤上，注意雞翅不要重疊在一起，接著用以 200℃ 預熱好的烤箱先烤 20 分鐘。

4　將雞翅翻面再烤 10 分鐘。

重點 POINT

- 在烤的時候如果傳出焦味，可能就是醬料烤焦的味道，所以不用太擔心。
- 在做醬油雞翅的時候也可以用氣炸鍋。請依照使用的機型，調整溫度和料理時間。

黃瓜香菇炒雞蒟蒻麵

1 人份　週末做起來 — 帶便當

1 人份	熱量	脂肪	蛋白質	碳水化合物	膳食纖維
	507kcal	**31.7**g	**39.2**g	**16.8**g	**2.2**g

想吃燉雞料理的時候，就可以做這道味道相近的炒雞來吃！不加韓式冬粉，而是以蒟蒻麵來代替，保證很有飽足感。而且麵很有彈性，不會黏在一起，非常適合帶便當。

食 材

雞肉 200g（大腿肉）
黃瓜 1/4 根
香菇 2 顆
洋蔥 50g
乾辣椒 1/2 ～ 1 個
豬油 1 大匙
蒟蒻絲 1/2 包（80g）
麻油 1/4 小匙

雞肉用醬料

有機胺基酸無鹽醬油 1 小匙
無糖蒸餾燒酒 1 小匙
青香蕉粉 1/2 小匙
薑末 1/4 小匙

炒雞用醬料

有機胺基酸無鹽醬油 1 大匙
無糖蒸餾燒酒 1 大匙
赤藻糖醇 1 大匙
大蔥 1/2 大匙（切碎）
蒜泥 1/2 小匙
薑末 1/4 小匙
胡椒 適量

作 法

1 把炒雞用的醬料調好備用。

2 將雞大腿肉切成一口大小，然後再跟雞肉用醬料拌在一起。

3 把黃瓜對切，用湯匙把籽挖掉之後，再大塊斜切。香菇的蕈柱切掉，再把香菇切成每片 0.5 公分厚的片狀。把洋蔥切絲，乾辣椒則以 1 公分為間隔斜切片。

4 將豬油放入平底鍋，加熱融化之後，**步驟** 2 的雞大腿肉就下鍋，炒熟之後再起鍋。

5 利用平底鍋剩下的油來炒黃瓜、香菇、洋蔥、乾辣椒，等食材都均勻受熱後，再放入蒟蒻絲一起炒。

6 在**步驟** 5 的材料中倒入事先調好的炒雞用醬料，拌勻之後再將**步驟** 4 的雞肉加進去一起炒。

7 起鍋裝盤之後，淋點麻油拌一拌。

重點 POINT

雞肉用醬料裡面的青香蕉粉，是扮演類似澱粉的角色（肉跟澱粉拌在一起在拿去料理，肉質會比較軟嫩），沒有的話可以省略。

牛肉炒花椰

2人份 有點疲累的日子 三 帶便當

1人份	熱量	脂肪	蛋白質	碳水化合物	膳食纖維
	528kcal	**38**g	**33.1**g	**13.2**g	**3.3**g

在歐洲或北美國家，到處都能夠吃到這種中式的牛肉炒花椰菜，而且便宜又好吃。在開始生酮飲食之前我都會點白飯來配，但現在會搭配不太鹹的花椰菜再加一大堆牛肉，這樣就算沒有白飯也能夠吃得很飽。

食 材

牛肉 Tips　300g（烤肉用）
花椰菜 200g
洋蔥 50g
豬油 1 大匙（炒牛肉用）、
　　　1 大匙（炒蔬菜用）
蒜頭 2 顆
生薑 1 塊（1 顆蒜頭的大小）
麻油 1/2 小匙
胡椒 適量

牛肉用醬料

有機氨基酸無鹽醬油 2 小匙
青香蕉粉 2 小匙
無糖蒸餾燒酒 1 小匙
麻油 1 小匙

拌炒用醬料

有機氨基酸無鹽醬油 2 小匙
無糖蒸餾燒酒 1 小匙
赤藻糖醇 1 小匙
醋 1 小匙

作 法

1. 將花椰菜切成一口大小，洋蔥切絲，蒜頭切片，生薑切絲。
2. 把牛肉切成一口大小，加入牛肉用醬料後拌勻。在平底鍋裡放入 1 大匙豬油，待豬油融化後牛肉下鍋炒熟，炒熟後即可起鍋。
3. 在平底鍋裡放入 1 大匙豬油，待豬油融化後開中火，將蒜片和生薑絲下鍋炒香，接著花椰菜和洋蔥下鍋，用大火炒 2 ～ 3 分鐘。
4. 將拌炒用的醬料倒入**步驟** 3 的花椰菜中，拌勻後加入**步驟** 2 炒好的牛肉一起拌炒。
5. 所有食材都加熱拌勻之後即可起鍋，最後淋上 1/2 小匙的麻油和胡椒拌勻。

這裡用的是韓牛，推薦燒烤用或是一般烤肉用的牛肉。

重點 POINT

- 牛肉調味醬裡的青香蕉粉，主要是用來代替太白粉。肉裹上太白粉後炸一次，再做後續料理，口感會變得比較軟嫩，如果沒有青香蕉粉的話也可以省略。
- 拌炒用醬料裡的醋是為了提味，千萬別漏掉，少了的話料理就不會有酸味。

涮牛肉杏鮑菇

1 人份　　週末做起來  帶便當

1人份	熱量	脂肪	蛋白質	碳水化合物	膳食纖維
	548kcal	36.8g	44.8g	11.4g	0.9g

所有的食材都是從冰箱裡拿出來就能直接吃的食物，所以很適合帶便當。

食 材

牛肉 200g
（燒烤用或火鍋用皆可）
杏鮑菇 1 顆（中等大小）
乾海帶 5g
洋蔥 30g
鹽巴 1/2 小匙
無糖蒸餾燒酒 2 大匙

調味醬料

礦泉水 2 大匙
橄欖油 1 大匙
市售大醬 1 小匙
杏仁奶油 1 小匙
赤藻糖醇 1 小匙
有機氨基酸無鹽醬油 1/2 小匙
蘋果醋 1/2 小匙

作 法

1 將杏鮑菇以直向切成薄片，乾海帶用冷水泡開，沖洗一次之後再把水擠乾備用。

2 把洋蔥先切成細絲，再泡一下冷水去除辣味備用。

3 在鍋裡裝一公升的水，加入 1/2 小匙的鹽巴，待煮沸後，把切好的杏鮑菇放入燙 1 分鐘，然後用冷水浸泡一下，再把水擠乾。

4 在燙過杏鮑菇的水裡加 2 大匙無糖蒸餾燒酒，繼續煮沸後將牛肉下鍋，注意要邊用筷子攪拌，煮熟之後把牛肉撈出來，先在冷水裡泡一下，再撈起來把水瀝乾。

5 用迷你攪拌器把醬料調好。

6 將燙好的杏鮑菇、牛肉、洋蔥絲、泡過的海帶裝在容器裡，醬料另外拿別的容器裝好，要吃的時候再沾醬料來吃。

重點 POINT

- 可以用其他種類的堅果奶油來代替杏仁奶油。
- 市售的大醬比較甜，比一般家裡自己釀的大醬更適合涮牛肉杏鮑菇。

番茄燉牛肉佐花椰菜泥

4人份 週末做起來 一 二 帶便當

1人份	熱量	脂肪	蛋白質	碳水化合物	膳食纖維
	471kcal	**32.4**g	**34.4**g	**9.5**g	**2.7**g

能讓人在微涼的天氣感到溫暖的燉牛肉，雖然是要花一點時間的菜色，但也可以配合特殊的日子準備這道菜來帶便當喔。

食材（番茄燉牛肉）

牛肩肉 600g（或牛腱）
洋蔥 100g
芹菜 40g（約 1/2 根）
洋菇 200g
鹽巴 適量
豬油 2 大匙
胡椒 適量
番茄糊 1 大匙
番茄罐頭 200g
牛腿骨湯 2 杯（480ml）
紅酒醋 1 大匙
有機氨基酸無鹽醬油 1 小匙
月桂葉 2 片
乾百里香 1/2 小匙
小番茄 100g
奶油 50g（冰的）

作法

1　將洋蔥和芹菜切碎，洋菇則視大小切成 2～4 等分，牛肉切成每邊 3 公分長的塊狀。

2　在牛肉上撒點鹽巴，接著將豬油加入湯鍋裡加熱，待豬油融化後將牛肉下鍋，煎至表面開始熟了之後即可起鍋。

3　煎牛肉的鍋子不用洗，將洋蔥跟芹菜直接下鍋，加鹽巴和胡椒拌炒。

4　等洋蔥炒到半透明後，先加入蕃茄糊拌炒，再加入洋菇拌勻。

5　在**步驟 4** 的材料中加入煎好的牛肉、番茄罐頭、牛腿骨湯、紅酒醋、有機氨基酸無鹽醬油、月桂葉、百里香後煮沸。

6　湯汁開始沸騰之後，就稍微打開鍋蓋，然後轉為小火燉煮 1 小時，中途要記得偶爾確認、攪拌一下，避免湯汁變得太過濃稠或燒焦。

7　肉煮到變得軟嫩，且湯汁變得濃稠之後，即可加入小番茄，然後再多煮 5 分鐘，最後再用鹽巴和胡椒調味。

8　將燉牛肉起鍋，再把冰的奶油切成塊加進去攪拌使其融化。

重點 POINT

- 最後加入大量冰過的奶油再攪拌，湯汁的濃度會更濃稠，風味也會更濃郁。
- 其實只用鹽巴調味就可以了，但加點無鹽醬油可以幫助提味。

◎◎◎ 花椰菜泥請參考下一頁。

食材（花椰菜泥）

白花椰菜 450g
奶油 40g
洋蔥絲 120g
碎帕瑪森起司 40g
鮮奶油 1/2 杯（120ml）
鹽巴 適量

作 法

1 把花椰菜切成半口大小，洗乾淨之後放在耐熱容器裡，包上保鮮膜用微波爐熱 7 到 10 分鐘。
Tips

2 將奶油放入鍋子裡，加熱融化後把洋蔥絲下鍋用中火炒。

3 洋蔥絲炒到開始變黃之後，把花椰菜放入拌炒，接著加入鮮奶油、帕瑪森起司，然後用手持攪拌器打成泥。

4 如果覺得味道不夠，可以再加鹽巴調整，然後一邊攪拌一邊加熱。

Tips

加熱時，因為每台的微波爐電力不一樣，建議加熱到花椰菜完全變熟為止。

重點 POINT

· 要打到完全吃不到任何顆粒，這樣花椰菜泥的口感才會好。
· 拿手持攪拌器將花椰菜打成泥時會用到湯鍋，所以建議使用較深的鍋子會比較好。

1 人份	熱量	脂肪	蛋白質	碳水化合物	膳食纖維
	268kcal	22.8g	6.2g	11.4g	3.3g

肋排偽蓋飯

1 人份　　週末做起來 ― 帶便當

	熱量	脂肪	蛋白質	碳水化合物	膳食纖維
1 人份	754kcal	58.6g	47.3g	6.8g	1.7g

這是沒有白飯的肋排偽蓋飯。拿大把的綠豆芽炒過之後鋪在肋排下面，這樣就算沒有白飯，也能帶來飽足感，而且不需要另外準備其他蔬菜，真是一石二鳥。

食 材

牛肋排 200g
綠豆芽 150g
洋蔥絲 30g
豬油 1/2 大匙
半熟蛋 1 顆
珠蔥花 適量
芝麻 適量
鹽巴 適量
胡椒 適量

蓋飯用醬料

無糖蒸餾燒酒 3 大匙
有機氨基酸無鹽醬油 1 大匙
日式芥末 1 小匙
赤藻糖醇 1 小匙
奶油 10g

綠豆芽要盡量用大火快炒，這樣豆芽才不會太濕軟。

作 法

1 拿兩個碗，分別將牛肋排、綠豆芽和洋蔥絲用鹽巴跟胡椒稍微調味備用。
2 將豬油放入平底鍋加熱融化，牛肋排切成一口大小，等豬油融化後即可下鍋煎熟。
3 用煎牛肋排的平底鍋炒綠豆芽 Tips 和洋蔥絲，盡可能用大火，把綠豆芽微微炒軟就可以了。
4 把蓋飯用醬料拌在一起，將芥末攪散，燉煮到湯汁變得濃稠後即可關火。
5 拿個容器把炒過的豆芽菜鋪進去，放上煎好的肋排，再淋上**步驟 4** 的蓋飯醬。
6 先在**步驟 5** 的蓋飯放上半熟蛋，再撒上切好的珠蔥花和芝麻。

製作半熟蛋

1 拿一個湯鍋，倒入深度約 1 公分的水後放到瓦斯爐上煮。
2 等水煮沸之後，把冰箱裡的雞蛋放在湯勺上，小心地放到湯鍋中，使雞蛋的下半部泡在水裡。
3 蓋上湯鍋的蓋子，用中火煮 6 分 30 秒，然後放到冷水中降溫。

重點 POINT

· 因為是直接使用從冰箱裡拿出來的冰雞蛋，所以小小的撞擊都很有可能破掉，建議用湯勺盛著小心移動。如果是先把蛋從冰箱拿出來退冰的話，就可以稍微縮短料理時間。

· 如果不太會做半熟蛋，也可以煎一顆蛋黃半熟的煎蛋，這樣也很好吃。

泰式牛肉咖哩

2 ～ 3 人份　　有點疲累的日子 🍴 帶便當

1 人份	熱量	脂肪	蛋白質	碳水化合物	膳食纖維
	679kcal	55.2g	32g	13.4g	2.8g

在幫書中的料理拍照的時候，編輯吃了這道料理，說這道菜的味道活靈活現非常生動。泰式牛肉咖哩可以直接當成湯來喝，打顆蛋下去搭配也非常美味喔。

食 材

牛肉 300g（炭烤用、
煎牛排用、一般烤肉用皆可）

洋蔥 150g

花椰菜 100g

香菇 100g

酥油 2 大匙

泰式咖哩醬 40g
（注意確認成分無糖）

椰奶 400ml

薑黃粉 1/2 小匙
（可依個人喜好省略）

魚露 適量

香菜 適量（可依個人喜好省略）

熟雞蛋 3 顆

作 法

1　將牛肉、洋蔥、花椰菜與香菇切成一口大小。

2　將酥油放入湯鍋裡，加熱融化後加咖哩醬進去炒到發出香味。

3　在**步驟 2** 的鍋中放入牛肉，炒至肉的表面開始變熟。

4　接著倒入椰奶，加薑黃粉和蔬菜熬煮。Tips

5　等肉和蔬菜都熟的差不多之後，就用魚露稍微調味一下，然後加點切碎的香菜即可起鍋。

6　配煮熟的雞蛋吃。

若沒有薑黃粉可以直接省略。另外，蔬菜剛放下去煮的時候看起來分量很多，但越煮就會生出越多水，所以煮到最後湯汁會變得比較稀。

重點 POINT

· 如果有快要到期的鮮奶油，也可以取代一半的椰奶，跟椰奶拌在一起使用就好。

· 如果有加薑黃，可能會導致塑膠容器染色，建議使用玻璃容器。

· 許多魚露大部分都含糖，建議使用韓國的魚露。

偽馬鈴薯燉肉

2 人份 週末做起來 一 二 帶便當

1 人份	熱量	脂肪	蛋白質	碳水化合物	膳食纖維
	589kcal	**41.1**g	**41**g	**12.5**g	**1.8**g

偽馬鈴薯燉肉是用醬油燉煮而成的濃郁日式料理。放入大量的肉代替馬鈴薯，再搭配蒟蒻絲一起，做成比較沒有那麼鹹的口味，就是非常飽足的一餐。加點糯米椒幫助提振食慾，然後再加點奶油，這樣味道會更香更順口。

食 材

牛肉 400g（烤肉用）
乾香菇絲 5g
昆布 3 片（與泡麵裡附的
昆布差不多大）
冷開水 500ml
生薑 1 塊（拇指大小）
洋蔥 150g
糯米椒 10 根（50g，
不會辣的）
有機氨基酸無鹽醬油 4 大匙
赤藻糖醇 3 大匙
無糖蒸餾燒酒 3 大匙
蒟蒻絲 1 包（200g）
奶油 30g
胡椒 適量

作 法

1　把乾香菇絲跟昆布用冷水浸泡一小時。生薑切成 2 ～ 3 塊，洋蔥切絲，並把糯米椒的蒂切掉，然後切開來把裡面的籽挖掉。

2　將**步驟** 1 用來泡香菇和昆布的水放到瓦斯爐上，用小火煮 10 分鐘後把昆布撈出來，接著加入生薑、有機氨基酸無鹽醬油、赤藻糖醇和無糖蒸餾燒酒煮沸。

3　等**步驟** 2 的材料煮開之後將牛肉下鍋，下鍋後以筷子把牛肉弄散，等再一次煮開後，就加蒟蒻絲和洋蔥一起煮。

4　等洋蔥煮熟之後，再加糯米椒和奶油，多煮 2 ～ 3 分鐘，最後加胡椒就完成了。

重點 POINT

最後打一顆用鹽巴調味過的雞蛋進去，不要攪拌，把蛋煮成半熟，這樣就可以當成牛丼來吃。

辣牛肉湯

6 人份　　週末做起來 帶便當 / 冷凍保存 四 五 帶便當

1 人份	熱量	脂肪	蛋白質	碳水化合物	膳食纖維
	312kcal	**13.7**g	**38.8**g	**9.3**g	**3.7**g

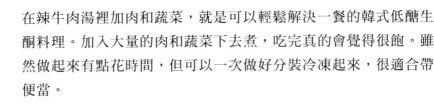

在辣牛肉湯裡加肉和蔬菜，就是可以輕鬆解決一餐的韓式低醣生酮料理。加入大量的肉和蔬菜下去煮，吃完真的會覺得很飽。雖然做起來有點花時間，但可以一次做好分裝冷凍起來，很適合帶便當。

食材

牛腱 1 公斤
鹽巴 適量（或湯醬油）
豬油 3 大匙（或酪梨油）
辣椒粉 3 大匙
湯醬油 2 大匙
蒜泥 1 大匙
麻油 1 小匙
胡椒 適量
平菇 300g
綠豆芽 300g
粗大蔥 3 根
魚露 適量

作法

1. 將牛腱肉泡在 2.5 公升的冷水中，加入 1/2 小匙的鹽巴之後用大火熬煮。等水煮開之後，把水面上的泡沫撈掉 Tips，然後轉為中火，讓蓋子呈現露出一點縫隙的狀態，繼續燉煮 1 小時。
2. 把豬油倒入小湯鍋裡，用小火加熱融化之後，加辣椒粉炒 1～2 分鐘製成辣油。
3. 把熟透的肉撈出來，放涼之後撕成小塊，放入**步驟** 2 的辣油中，再加入湯醬油、蒜泥、麻油和胡椒，拌勻之後倒入湯裡。
4. 把平菇撕成方便吃的大小，跟綠豆芽一起下鍋煮。
5. 待湯滾了之後，先將大蔥切成 5 公分長，接著對切開來，再丟下鍋去煮。
6. 把大蔥煮到軟，最後再用鹽巴、湯醬油或魚露稍微調整一下味道。

Tips

因為不是清湯，所以肉可以不必去血水。但此步驟煮出來的黑色血水泡泡，一定要記得撈起來。

重點 POINT

- 建議可以分量做多一點，分裝冷凍起來，每次拿一包出來加熱吃就好。雖然湯分量很多，但如果只要加熱一人份的時候，可以再額外加顆雞蛋，這樣吃起來就比較有飽足感。雞蛋可以加鹽巴調味，打散後加到湯裡。
- 可以用整隻雞代替牛腱，把肉撕開放下去煮，這樣就是辣雞肉湯了。

牛肉培根起司蔬菜捲

1 人份　先把肉餅做好放著 一 二 三 帶便當

1 人份	熱量	脂肪	蛋白質	碳水化合物	膳食纖維
	844kcal	**66**g	**54.1**g	**6.9**g	**1.9**g

這是不用漢堡麵包，而是直接用萵苣包著肉餅製成的牛肉培根起司蔬菜捲，也是我老公喜歡的便當菜色之一。牛肉餅加起司、雞蛋、培根，這個組合怎麼可能會難吃呢！

食 材

牛絞肉 150g
培根 2 片
雞蛋 1 顆
番茄 1/2 顆（中等大小）
洋蔥 適量
鹽巴 適量
豬油 1 大匙
胡椒 適量
大萵苣葉 3 ～ 4 片
美乃滋 1 大匙
無糖番茄醬 1 小匙
起司 1 片

作 法

1 將培根和雞蛋煎熟，番茄切成厚片，洋蔥則切成薄片。

2 把牛絞肉捏成扁扁的圓形肉餅，正反兩面都抹上足夠的鹽巴，然後再用抹了豬油的平底鍋煎。

3 等肉餅的外層煎到變成褐色之後，就把火關小慢慢把內層煎熟，最後再撒上胡椒。

4 把萵苣葉鋪在保鮮膜或防油紙上，放上煎蛋之後抹上美乃滋，再放上煎好的牛肉餅，抹上無糖番茄醬，再放上起司、培根、番茄、洋蔥，最後再用萵苣葉包起來。 Tips

5 用鋪在下面的保鮮膜或是防油紙，把整個內餡緊緊包起來。

防油紙只有一面有上防油塗料，有上防油塗料的那一面要跟食物接觸，沒有上塗料的那一面可以貼膠帶固定。

重點 POINT

• 在做牛肉餅時，要盡快把牛肉餅捏好，避免體溫影響肉的溫度，這樣肉的脂肪才不會融化，肉的分子之間才會有足夠的空隙，做出美味的漢堡肉。

• 烤好的肉餅、煎蛋、培根放涼之後再製作，這樣比較不會因為水蒸氣而溼溼的。

大醬烤豬肉

3 人份　週末做起來 一 二 帶便當

1人份	熱量	脂肪	蛋白質	碳水化合物	膳食纖維
	647 kcal	48.2 g	47.5 g	3 g	0.7 g

豬肉用大醬調味後再烤過，就變成很有吸引力的一道菜色。令人意外的是，烤好的肉幾乎不會有大醬的味道。不但下飯，也建議搭配炒高麗菜一起吃，能兼顧美味與飽足感。

食 材

豬頸肉 600g（燒烤用）
韭菜 40g
豬油 2 大匙

調味醬料

傳統大醬 1 大匙
無糖蒸餾燒酒 1 大匙
清水 1 大匙
赤藻糖醇 2 大匙
市售湯醬油 2 小匙
蒜泥 2 小匙
麻油 1 小匙
芝麻 1 小匙

作 法

1 將韭菜切成 1 公分長備用。
2 混合調味醬料，並均勻抹在豬肉上，然後加入韭菜拌勻。
3 將豬油均勻地抹在平底鍋中，然後把豬肉煎熟。

重點 POINT

準備一些高麗菜絲，直接拿煎豬肉的平底鍋炒一炒，然後先用鹽巴調味，再加個煎蛋，就是飽足又美味的一餐。

中式豬肉炒高麗菜

1 人份　一 二 三 四 五 天天都適合帶便當

1 人份	熱量	脂肪	蛋白質	碳水化合物	膳食纖維
	589kcal	49.2g	29.8g	7.4g	2.5g

一塊肉、幾片青菜，放在一起吃就有厚實又清爽的感覺，兼具美味與飽足感。可以同時品嚐到肉汁與菜的鮮甜。非常推薦在白菜的產季冬天享用這道料理。

食 材

豬五花 150g（燒烤用）
白菜 150g
大蔥 40g
生薑 1 塊（一顆蒜頭的大小）
乾辣椒 1/2 條
豬油 1/2 大匙
蒜泥 1/2 小匙

調味醬料

有機氨基酸無鹽醬油 1 大匙
蘋果醋 1 大匙
赤藻糖醇 1 小匙

作 法

1　把豬五花切成一口大小、白菜也斜切成一口大小、大蔥切成蔥花、薑切成薑絲。乾辣椒先對切，刮除辣椒籽後再切碎。

2　把醬料調好備用。

3　將五花肉煎熟後放入豬油、大蔥、蒜泥、生薑、乾辣椒，然後用中火一起炒。Tips1

4　炒到大蔥變軟後，開到最大火，然後將白菜下鍋一起炒。Tips2

5　等白菜炒熟後，就把所有食材推到一邊，把醬料倒在沒有食材的地方，燉煮至醬料變稠。

6　把食材跟變黏稠的醬料均勻炒在一起。

Tips

1. 此步驟加豬油炒大蔥或蒜頭等香辛料時，要維持中小火才能夠炒出香味。
2. 放白菜開始炒時，火要開到最大，這樣才可以避免白菜出水，讓整道菜變得太溼。

辣炒豬肉偽蓋飯

3 人份　先調味 三 四 帶便當

1 人份	熱量	脂肪	蛋白質	碳水化合物	膳食纖維
	597 kcal	43.4 g	36.4 g	17.4 g	6.3 g

用辣椒醬拌得紅紅的辣炒豬肉，是很多人的最愛。不過就算沒有辣椒醬，也可以做出美味的辣炒豬肉。用沾了辣炒豬肉醬的平底鍋炒高麗菜來配，就能享受不輸白飯的美味與飽足感。

食材

豬肉 500g（燒烤用前腿肉）
大蔥 1 根
豬油 1 大匙
高麗菜絲 150g
鹽巴 適量
麻油 1 滴
雞蛋 1 顆

調味醬料

洋蔥 100g
有機氨基酸無鹽醬油 2 大匙
魚露 2 小匙
赤藻糖醇 2 大匙
無糖蒸餾燒酒 3 大匙
辣椒粉 2 大匙
麻油 1 大匙
蒜泥 1/2 大匙
薑末 1/2 大匙

作法

1. 把調味醬料的食材全部倒入迷你攪拌器中打在一起，然後靜置 10 ～ 20 分鐘，讓辣椒粉泡一下。

2. 將大蔥斜切，豬肉切成一口大小，然後跟**步驟 1** 的醬料拌在一起。

3. 將 1/2 大匙的豬油抹在平底鍋上，舀 1/3 拌了醬料的豬肉下鍋炒熟。Tips

4. 豬肉炒熟之後起鍋裝盤。在沾了醬料的平底鍋放入 1/2 大匙的豬油，加熱融化之後，拿來炒高麗菜。如果覺得調味不夠，可以加鹽巴調整一下，起鍋後滴一滴麻油拌勻。

5. 最後依照個人喜好搭配煎蛋吃。

Tips

這裡豬肉的 1/3 剛好是一人份。

重點 POINT

- 豬前腿肉在拌醬料時，如果能加點新鮮魷魚，就可以增添嚼勁，吃到美味的魷魚五花肉。
- 加顆半熟蛋，配著流淌而下的蛋黃一起享用，就能中和一下辣味，讓料理更香。

南瓜辣燉豬排骨

4 人份　週末做起來 一 二 帶便當

1 人份	熱量	脂肪	蛋白質	碳水化合物	膳食纖維
	679kcal	37.5g	72g	11.5g	4.3g

蒸點南瓜來代替白飯，不僅能夠中和辣燉豬排骨的辣味，更能提升飽足感。兩種食物很適合放在一起吃，味道也很棒。

食 材

豬排 1 公斤（燉煮用）
小洋蔥 1 顆
大蔥 1 根、1/2 根
無糖蒸餾燒酒 1/3 杯（80ml）
高麗菜 130g
蘿蔔 200g
南瓜 400g（選用）

燉煮用醬料

辣椒粉 3 大匙
有機氨基酸無鹽醬油 2 大匙
魚露 2 大匙
赤藻糖醇 2 大匙
蒜泥 1 大匙
胡椒 適量

作 法

1　將豬排切成方便食用的大小，浸泡冷水約一小時，去除血水。

2　把洋蔥切成大塊，高麗菜則切成一口大小，大蔥 1 根切成 2～3 等分，另外 1/2 根則斜切片。蘿蔔則切塊。

3　把醬料調好備用。

4　將**步驟 2** 的洋蔥和 1 根大蔥、高麗菜、去了血水的豬肉放入湯鍋中，加入足以蓋過豬肉的水量，然後倒入無糖蒸餾燒酒。Tips1

5　用中火燉煮一小時。

6　把大蔥撈出來，放入蘿蔔和醬料，再煮 20 分鐘。Tips2

7　放入斜切的大蔥，然後再滾一下。

Tips

1. 此時先放入 1 根大蔥的量，最後再放入剩下斜切片的 1/2 根大蔥。

2. 加香辛料一起煮時，要把蓋子打開，這樣腥味等不好的味道才會散掉。

重點 POINT

- 一人搭配 100g 南瓜，會增加 29kcal、0.2g 的脂肪、1g 蛋白質、7.2g 碳水化合物、1.4g 膳食纖維。
- 豬肉跟帶甜味的香辛料蔬菜一起煮，湯頭會有蔬菜的甜味。

五花肉炒鮮蔬

份量十足的 1 人份　　有點疲累的日子　三　帶便當

1 人份	熱量	脂肪	蛋白質	碳水化合物	膳食纖維
	939kcal	**74.4**g	**41.3**g	**29.5**g	**9.7**g

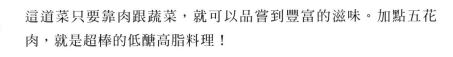

這道菜只要靠肉跟蔬菜，就可以品嘗到豐富的滋味。加點五花肉，就是超棒的低醣高脂料理！

食材

五花肉 200g
洋蔥 50g
高麗菜 150g
大蔥 50g
青辣椒 1 根
芝麻葉 15 片
紫蘇油 1 大匙

拌炒用醬料

辣椒粉 1.5 大匙
紫蘇粉 1.5 大匙
有機氨基酸無鹽醬油 1 大匙
湯醬油 1 小匙
無糖蒸餾燒酒 1 大匙
蒜泥 1 小匙
胡椒 適量

作法

1 把五花肉切成方便食用的大小、洋蔥切成粗絲、高麗菜切成每邊大約 3 公分的塊狀、大蔥和青辣椒斜切成片、芝麻葉撕成適當的大小。

2 把醬料調好備用。

3 將五花肉用平底鍋煎熟，起鍋後用五花肉剩下的油，以大火快炒高麗菜和洋蔥。Tips1

4 待高麗菜和洋蔥變軟之後，大蔥、青辣椒、煎好的五花肉就可下鍋，然後加醬料拌炒。

5 加入芝麻葉，拌至芝麻葉變軟，起鍋之後再淋上紫蘇油並拌勻。Tips2

Tips

1. 五花肉煎好之後，剩下的油如果不夠，可以再加點豬油來炒菜。
2. 如果喜歡芝麻葉，此時可以盡情地加。

豬肉烤茄子

1 人份　　週末做起來 ─ 帶便當

1 人份	熱量	脂肪	蛋白質	碳水化合物	膳食纖維
	580kcal	47.3g	27.6g	11.9g	6.2g

這道菜的靈感，來自把茄子從中間剖開，淋上黏稠醬油的中式料理。塞入大量的肉餡，就變成一道可以代替正餐的料理。最後一個階段也可以加點莫札瑞拉起司，味道很搭，肉餡也比較不會散開。

食材

茄子 1 條（約 170g）
豬油 1 大匙
豬絞肉 150g
蔥花 30g
蒜泥 1/2 小匙
薑末 1/3 小匙
有機氨基酸無鹽醬油 1 小匙
無糖蒸餾燒酒 1 小匙
麻油 1/2 小匙
胡椒 適量
鹽巴 適量

作法

1. 把茄子洗乾淨，放在盤子上，用微波爐熱 3 ～ 4 分鐘。
2. 趁熱以直向將茄子從中間剖開，掰開來之後把裡面的籽挖掉，然後放涼等水分散去後備用。Tips1
3. 放豬油到平底鍋，豬油融化後將蔥花、蒜泥、薑末下鍋用中火炒，等蔥花變軟之後，豬肉就可下鍋一起炒。Tips2
4. 等豬肉半熟時，再加入有機氨基酸無鹽醬油和無糖蒸餾燒酒繼續炒，炒到醬汁都收乾之後即可起鍋，加麻油和胡椒拌勻。
5. 先在茄子上灑一點胡椒和鹽巴，再把炒好的豬肉餡塞進去裡面，撒上剩下的蔥花，最後放入以 200℃ 預熱好的烤箱裡烤 10 分鐘。Tips3

Tips

1. 剖開茄子時，下刀要注意不要把茄子整個切開。
2. 此時留下一大匙大蔥做最後使用，剩餘全部下鍋去炒。
3. 這裡也可以不放進烤箱，改用微波爐加熱。

重點 POINT

去除茄子的籽再料理，可以減少碳水化合物的含量，這樣也可以避免吃完茄子以後肚子不舒服。

手工早餐肉餅

14 人份 週末做起來 帶便當

1 人份	熱量	脂肪	蛋白質	碳水化合物	膳食纖維
	122kcal	10.3g	6.1g	0.7g	0.1g

麥當勞早餐的漢堡排就是用早餐腸做的,所以在家也能輕鬆做出一樣的料理。因為可以冷凍,先做起來放著,想吃的時候就能馬上吃。可搭配黃瓜和小黃椒去沾酸奶油來享用。

食材

豬絞肉 500g
洋蔥 100g
鼠尾草 1/2 小匙
鹽巴 1/2 小匙
大蒜粉 1/4 小匙
胡椒 1/4 小匙
豬油 1 大匙(炒洋蔥用)
　　 2 大匙(煎肉餅用)

作法

1 將洋蔥切碎後,先加 1 大匙豬油到平底鍋裡,豬油融化後洋蔥就下鍋,炒到變軟之後即可起鍋放涼備用。

2 在放涼的洋蔥裡加豬肉、鼠尾草、鹽巴、大蒜粉、胡椒攪拌後,分成每片 40g 的肉餅。 Tips

3 先把 2 大匙豬油抹在平底鍋上,再將**步驟 2** 的肉餅煎熟。

鼠尾草量雖然不多,但卻是可以帶出早餐腸特殊香味的食材,注意絕對不要漏掉囉!

重點 POINT

把肉餅壓扁,不拿去烤而是直接密封冷凍,就能用在很多地方。可以烤一烤做成簡單的料理,也可以搭配沙拉或當作三明治的內餡。冷凍的肉泥可以不解凍直接烘烤。

培根肉糕

6 人份 週末做起來 帶便當／冷凍保存 帶便當

1 人份	熱量	脂肪	蛋白質	碳水化合物	膳食纖維
	611 kcal	45.5 g	44.7 g	3.3 g	0.6 g

雖然看起來是特殊料理，但因為是一塊塊分開來冷凍，所以很適合帶便當。因為做完之後還要放涼再冰，所以建議週末先做好，留到星期一或星期二來帶便當。也很適合搭配醃黃瓜或是蔬菜條一起吃。

食材

豬絞肉 500g
牛絞肉 500g
培根 10 片（270g）
小洋蔥 1 顆
青椒 1 顆
莫札瑞拉起司條 100g
雞蛋 1 顆
芥末籽醬 1/2 小匙
鹽巴 1 小匙、適量
胡椒 1/2 小匙
酥油 1 大匙

作法

1 將酥油加入平底鍋，洋蔥和青椒切碎後下鍋炒，待青椒炒熟、洋蔥變成半透明，就可以起鍋放涼備用。Tips1

2 將豬絞肉、牛絞肉、炒過的洋蔥和青椒、莫札瑞拉起司、雞蛋、芥末籽醬、鹽巴、胡椒全部倒入料理碗中拌在一起。

3 準備一個 23.5×13.5×7 公分大的磅蛋糕模具，在模具底部與左右兩邊鋪上培根。Tips2

4 在**步驟 3** 的培根上，倒入**步驟 2** 的肉泥，壓緊之後再用左右兩邊培根多出來的部分蓋住肉泥，然後放入以 180℃ 預熱好的烤箱烤 1 小時。

5 待烤好完全冷卻後，包上保鮮膜，先在冰箱裡冰一個晚上，然後再切成 6 塊。

6 把切好的肉糕放入平底鍋中，正反兩面都煎一下加熱，就可以吃了。

Tips

1. 這裡的青椒和洋蔥可以加點鹽巴調味再炒。
2. 這裡的每片培根要有三分之一重疊在一起。

重點 POINT

- 因為是做一大塊再切開來吃，作法反而比捏好固定的形狀再拿去烤的肉餅要簡單。切開後一塊塊密封起來冷凍或冷藏，要吃的時候再用平底鍋煎一下就好。

- 冷藏或冷凍之後，如果要帶便當，建議可以先用平底鍋煎一次，再裝進便當盒裡，這樣就不必擔心肉不夠熟了。

火腿菇派

4人份 週末做起來冷藏或冷凍 一 二 三 四 五 帶便當

1人份	熱量	脂肪	蛋白質	碳水化合物	膳食纖維
	384kcal	29.3g	21.2g	8.1g	0.9g

拿做三明治用的火腿切片來代替派皮,倒入大量的蛋汁做成這道好看、美味又豐盛的火腿菇派!可以做多一點,用保鮮膜包起來冷凍保存。要吃的時候搭配一些簡單的葉菜沙拉,就是美味又飽足的一餐了。吃的分量比食譜建議的多也沒關係。

食材

香菇 100g（6 到 7 個）
洋蔥 50g
鹽巴 適量
酥油 1 大匙
火腿片 180g（三明治用）
芥末籽醬 1 大匙
帕馬森起司 10g
香芹粉 適量

蛋餡料

雞蛋 4 顆
鮮奶油 4 大匙
起司條 100g
鹽巴 適量
胡椒 適量

作法

1 將香菇的蕈柄切除後,和洋蔥切絲,用鹽巴調味。把酥油加入平底鍋中加熱溶化,接著香菇和洋蔥再下鍋用大火炒。等洋蔥炒到變成半透明、香菇變軟之後就可以關火。

2 把蛋餡料的所有食材用叉子拌勻。

3 在耐熱容器的底部與側面鋪上火腿片,每一片之間要有一些重疊,不要有空隙。Tips

4 在火腿上均勻地抹上芥末籽醬,然後再把**步驟 2** 的蛋餡料倒進去,接著將炒好的香菇和洋蔥平均地撒在上面。

5 磨一些帕馬森起司,均勻地撒在炒香菇上面,後再撒點香芹粉,接著用以 210℃ 預熱好的烤箱烤 20 分鐘。

這裡是用 20 公分 ×20 公分 ×4 公分的耐熱容器,建議可以選擇寬底的類似款。

重點 POINT

- 蛋餡料裡面加了很多起司,放涼之後再切斷面會比較好看。
- 也可以用帕瑪火腿之類的生火腿來代替三明治用火腿切片。

五花肉泡菜偽炒飯

1 人份 需要熟悉又美味的便當菜 ☰ 帶便當

1人份	熱量	脂肪	蛋白質	碳水化合物	膳食纖維
	722kcal	**59.8**g	**35**g	**10.6**g	**3.7**g

拿煎過五花肉的平底鍋直接炒飯，是每個人都懂的美味吧？把花椰菜切成飯粒大小，就可以吃到近似炒飯的口感。但因為白花椰菜有一個特別的味道，所以搭配像泡菜這種本身味道就很強的食材來搭配，就會覺得更像炒飯了。

食 材

五花肉 150g（燒烤用）
白菜泡菜 100g（完全醃熟的）
白花椰菜 100g
豬油 1 大匙
辣椒粉 適量
（可依個人喜好省略）
鹽巴 適量
雞蛋 1 顆

作 法

1 將五花肉切成 1 公分寬，泡菜切碎。白花椰菜用刨絲刀，或是起司刨絲板弄成近似飯粒的大小。Tips

2 用平底鍋煎五花肉，煎熟之後加入 1/2 大匙的豬油和泡菜一起炒。

3 將泡菜稍微炒一下，白花椰菜即可下鍋一起炒熟。接著加點辣椒粉和鹽，稍微補一下調味。

4 把最後 1/2 大匙豬油加入平底鍋，加熱融化之後煎一個蛋放在炒飯上。

在泡菜醃熟的過程中，乳酸菌就會慢慢把糖吃掉，所以越熟的泡菜碳水化合物含量越低。

重點 POINT

• 可以用培根代替五花肉。如果是培根就要 100g 左右，花椰菜則要增加到 150g 左右。

• 把牛胸肉等牛肉炒一炒，搭配切碎的櫛瓜、洋蔥、紅蘿蔔等蔬菜和白花椰菜飯跟炒蛋，也是另外一種美味。可以用有機氨基酸無鹽醬油代替鹽巴調味，起鍋之後再加一點點麻油，吃起來就很像中式炒飯。

醋炒培根高麗菜佐香腸

1 人份　一 二 三 四 五　每天都適合帶便當

	熱量	脂肪	蛋白質	碳水化合物	膳食纖維
1人份	366kcal	29.9g	15.3g	13.2g	4.6g

醋炒培根高麗菜佐香腸是適合搭配烤肉、魚肉等主菜的副餐，一次做 2 到 3 人份冰起來放，要帶便當的時候就很方便。

食 材

高麗菜 200g
培根 1 片（30g）
奶油 10g
有機氨基酸無鹽醬油 1 小匙
醋 1 小匙
胡椒 適量
鹽巴 適量
香腸 Tips 80g

這裡用的是 IKEA 的早餐腸。肉含量高達 96%，其中約有 50% 是韓國產的豬肉，成分不錯。

作 法

1 將高麗菜切絲，培根切碎備用。

2 用炒鍋把培根炒熟，炒到培根出油之後就開大火，接著將高麗菜絲下鍋，加入奶油拌炒。

3 把高麗菜炒軟後推到旁邊，將無鹽醬油和醋倒在鍋子空著的地方，燉煮到變黏稠之後，跟高麗菜拌在一起，然後撒上胡椒。Tips

4 將香腸用滾水燙過後，再搭配炒高麗菜一起吃。

Tips

如果覺得味道不夠，可以用鹽巴調味。

重點 POINT

雖然最好不要吃香腸或培根，但它們確實是很適合帶便當的食材。買的時候要先確認成分，挑選含糖量較低的產品，香腸則要盡量選擇肉含量 90% 以上的產品。

納豆炒香腸

1 人份　　有點疲累的日子 ☰ 帶便當

1 人份	熱量	脂肪	蛋白質	碳水化合物	膳食纖維
	669kcal	53.7g	30.5g	18.6g	7.2g

在舊金山讀書時，曾經聽說日本朋友的媽媽，做了一道用納豆跟香腸炒成的小菜。開始生酮飲食之後，一直在思考要怎麼樣才能美味地享用納豆，於是便加了香腸進去炒，發現真的很好吃，如果再加雞蛋，那就變成非常有飽足感的一道料理了。

食 材

香腸 Tips1 80g

泡菜 100g（湯汁擠乾）

大蔥 1/2 根

豬油 2 大匙

納豆 Tips2 1 包

雞蛋 2 顆

珠蔥 適量

芝麻 適量

1. 這裡用的是 IKEA 的早餐腸。肉含量高達 96%，其中約有 50% 是韓國產的豬肉，成分不錯。

2. 納豆裡附的醬油都有點甜，建議不要吃。

作 法

1. 把香腸以斜向切片，湯汁擠乾的泡菜和大蔥則分別切開。

2. 將 1 大匙豬油放入平底鍋，加熱融化之後，切好的大蔥便下鍋用中火炒。

3. 等大蔥開始變色之後，泡菜和香腸就可下鍋一起炒。

4. 待泡菜根香腸炒熟後，再加入納豆拌一拌，然後推到鍋子的一邊，空出來的地方再放 1 大匙豬油，豬油融化之後煎一個蛋。

5. 等蛋煎到半熟後便用鍋鏟拌一拌，然後再把所有的食材拌在一起炒。

6. 撒上珠蔥和芝麻。

重點 POINT

炒過的食材直接跟生雞蛋拌在一起炒會變得很黏稠，賣相也不好，建議可以先煎到半熟，稍微用鍋鏟拌炒一下，再跟其他的食材拌在一起。

酪梨佐辣絞肉

4人份　一　二　三　四　五　每天都適合帶便當

1人份	熱量	脂肪	蛋白質	碳水化合物	膳食纖維
	364kcal	**25.3**g	**27**g	**5.4**g	**2.6**g

在寒冷的冬天，來一碗熱騰騰又辣呼呼的辣絞肉，肯定會讓所有人感覺靈魂被療癒。如果用酪梨搭配辣絞肉，再配酸奶油來吃，就會很有飽足感。

食材

豬絞肉 250g
牛絞肉 250g
豬油 1 大匙
青椒 1/2 顆（大顆）
洋蔥 50g
鹽巴 適量
胡椒 適量
辣椒粉 1 大匙
奧勒岡 1/2 小匙
孜然粉 1/2 小匙
香菜粉 Tips1 1/2 小匙
牛腿骨湯 250ml
番茄罐頭 Tips2 400g
有機氨基酸無鹽醬油 1 小匙
蘋果醋 1/2 大匙
90% 黑巧克力 10g

Tips

1. 香菜粉即為香菜籽粉。
2. 罐頭裡任何形狀的番茄都能用，若為整顆番茄，在煮時一邊用木勺把番茄壓碎就行。

作法

1 將青椒和洋蔥切碎。
2 把豬油倒入湯鍋中，先加熱融化後，青椒和洋蔥再下鍋炒。
3 待洋蔥變透明之後，將豬絞肉和牛絞肉下鍋，加鹽巴與胡椒調味，再加辣椒粉、奧勒岡、孜然粉、香菜粉拌炒。
4 等肉炒到半熟就倒入牛骨湯，加入番茄罐頭、有機氨基酸無鹽醬油、蘋果醋和巧克力熬煮。
5 待**步驟 4** 的鍋中煮沸之後就轉為小火，偶爾攪拌一下，燉煮至少 40 分鐘讓湯汁變得黏稠。Tips
6 最後再加鹽巴和胡椒調味。

Tips

等湯汁變得比較黏稠後，可以再加一點點牛骨湯進去煮。

重點 POINT

· 辣絞肉要煮得夠久、夠濃稠才會對味，所以最好不要縮短燉煮的時間。
· 帶便當的時候，可以先把切塊的酪梨裝進便當盒，然後再淋上辣絞肉，最後撒上起司，然後酸奶油另外用別的容器裝起來。要吃的時候就用微波爐加熱辣絞肉，再淋上酸奶油即可。如果沒有酪梨，可以直接配酸奶油和切達起司吃。

優質蛋白海鮮便當

執行低醣生酮飲食，同樣可以品嘗海鮮的多樣。

煎烤後吃、配時蔬、拌沙拉…各種做法都百搭，

明太魚的新鮮、蝦仁的甘甜…每道料理都清爽可口，不油膩又方便製作。

無論是在補充元氣的早晨、快要睡著的下午、

嘴饞想吃點心的宵夜時光，這些美食都是你的好夥伴，快來動手吧！

鮪魚高麗菜煎餅

2 人份　週末先把高麗菜絲切好 一 二 三 四 五 帶便當

1人份	熱量	脂肪	蛋白質	碳水化合物	膳食纖維
	393kcal	**34**g	**16.8**g	**5.6**g	**2.1**g

用冰箱裡現有食材做成的鮪魚高麗菜煎餅。只要有切好的高麗菜絲，就能迅速完成，趁有時間先把高麗菜絲切好、洗乾淨、水分弄乾吧！事先把麵糊做好的話，麵糊可能會生出多餘的水，建議要煎的時候再拌麵糊。

食材

高麗菜 150g
鮪魚罐頭 1 個（135g）
大蔥 30g
雞蛋 2 顆
鹽巴 適量
豬油 4 大匙

作法

1. 將高麗菜切成細絲 Tips1，泡水多次清洗之後，再用沙拉蔬菜脫水機把水弄乾。
2. 把鮪魚罐頭倒出來，用湯匙用力按壓，盡量把多餘的油和湯汁擠乾，接著將大蔥切成蔥花。
3. 將高麗菜、鮪魚、大蔥裝在碗裡，把蛋打進去並加鹽巴調味，然後再把蛋打散。
4. 把豬油放入平底鍋，加熱融化之後，將**步驟 3** 的麵糊倒進去，弄成一個直徑 7～8 公分的圓形，可以有一點厚度。用中火煎至可以**翻面**的程度，就**翻面**把另一面也煎熟。Tips2

1. 用高麗菜絲刀來切會很方便。
2. 可以邊加點豬油，邊把剩餘的麵糊煎完。

重點 POINT

- 高麗菜絲越細，麵糊越不容易散開，比較容易維持煎餅的形狀。
- 因為沒有要煎很久才會熟的食材，所以用中火快煎就好。用小火煎太久高麗菜可能會出水，這樣煎餅會變得比較黏稠。

炒鮪魚包飯醬佐蘿蔓生菜

1 人份　只想花一點點力氣準備 四 五 帶便當

1 人份	熱量	脂肪	蛋白質	碳水化合物	膳食纖維
	319kcal	21.9g	23g	9.9g	4g

只要花一點點力氣，把鮪魚罐頭的油和湯汁弄掉，就可以輕輕鬆鬆完成一個便當。很適合在懶得帶便當的星期四準備。

食材

鮪魚罐頭或秋刀魚 1 個（135g）
洋蔥 20g
青陽辣椒 1 根
生紫蘇油 1 大匙
原味大醬 1 小匙
辣椒粉 1 小匙
芝麻 1/2 小匙
蘿蔓 120g（約 10 片）

作法

1 把鮪魚罐頭倒出來，用湯匙用力按壓，盡量把油和湯汁壓乾。
2 將洋蔥和青陽辣椒切碎備用。
3 先用湯匙把鮪魚肉弄碎，再把除了蘿蔓以外的食材調在一起。
4 將調好的食材一匙一匙舀到生菜上配著吃。

重點 POINT

鮪魚包飯醬雖然叫做包飯醬，但其實只是同時扮演，平常用生菜包起來吃的食材，跟包飯醬兩個角色而已。脆脆的蘿蔓生菜搭配一大匙鮪魚包飯醬，真的飽足又美味。如果沒有蘿蔓，也可以拿一般的萵苣來配。

明太魚煎餅

2 人份　週末做好冷藏 一 二 帶便當／冷凍保存 四 五 帶便當

1 人份	熱量	脂肪	蛋白質	碳水化合物	膳食纖維
	421kcal	**30.3**g	**34.1**g	**0.5**g	**0**g

每次做這道明太魚煎餅，做好之後分裝冷凍，想吃時就能吃真的很開心。建議可以搭配不同的香料，這樣不喜歡魚腥味的人也能接受。是非常棒的點心喔！

食材

冷凍明太魚 300g
鹽巴 適量
胡椒 適量
雞蛋 3 顆
乾羅勒葉
1/4 小匙（或奧勒岡、香芹）
乾香芹 1/4 小匙
酥油 3 大匙

作法

1. 將明太魚完全解凍之後，放在盤子上，灑點鹽巴和胡椒，去除水分。
2. 將蛋全部打在碗裡，加鹽巴調味之後，再加羅勒或香芹等香草打散。
3. 倒一大匙酥油到平底鍋中，加熱融化之後，就把明太魚放到蛋汁裡浸泡一下，然後再下鍋去煎 Tips，煎好之後放涼。
4. 明太魚完全冷卻後，再一次浸泡蛋汁，然後再煎一次。

步驟 3、4 注意邊加酥油邊煎明太魚。

重點 POINT

- 煎魚時不加麵粉，只裹蛋汁的話，魚肉很容易散開，但放涼後再沾蛋汁拿去煎，魚肉就會變得比較堅固，不容易散掉。
- 香草搭配酥油，可以做出跟一般我們吃的明太魚不同的味道。在做韓式明太魚時，蛋汁裡面不要加乾香草，並用豬油或酪梨油代替酥油，其他的方法都一樣。

明太魚子美乃滋拌麵

1 人份　　有點疲累的日子 三 四 五 帶便當

1 人份	熱量	脂肪	蛋白質	碳水化合物	膳食纖維
	246kcal	22.2g	5.8g	7.1g	0g

我用明太魚子跟美乃滋，做成香醇可口的拌麵了。這道拌麵熱量低、分量充足，可以搭配水煮蛋或鮪魚高麗菜煎餅（p.110）、明太魚煎餅（p.114）一起吃。海帶湯麵不會吸水口感又好，涼涼的吃很適合帶便當。

食材

海帶湯麵 1 包（180g）
芝麻 適量
蘿蔔嬰 適量
（可依個人喜好省略）

明太子美乃滋醬

剝皮的明太子 Tips 30 ～ 40g
美乃滋 2 大匙
切碎的大蔥蔥白 1 大匙
有機胺基酸無鹽醬油 1/4 小匙
麻油 1 滴

不同的明太魚子產品，添加的鹽分就會有差，請邊做邊調整味道。明太魚子要有點鹹，拌開之後才好吃。

作法

1 將海帶湯麵用冷水洗一洗，然後再把水擠乾。
2 把明太子美乃滋醬調好，再加海帶湯麵拌勻。
3 加芝麻和蘿蔔嬰一起吃。

重點 POINT

麻油的香味很濃，吃起來味道也重，加太多的話可能會吃不出其他食材的味道，所以料理裡面只可以加一滴。

牛五花烤蝦

週末先做好 一 二 帶便當

1人份	熱量	脂肪	蛋白質	碳水化合物	膳食纖維
	661kcal	55.5g	35g	3.4g	0g

用油脂含量高的牛五花把蝦子包起來烤，外皮被烤得脆脆的牛五花，讓烤蝦吃起來就像炸蝦一樣。趁熱吃口感最棒、最好吃，裝進便當裡等午餐時間再吃也十分美味喔。

食 材

中蝦 16 尾（已剝殼，200g）
牛五花 200g
豬油 1/2 大匙
鹽巴 適量
胡椒 適量
美乃滋 4 大匙
是拉差辣椒醬 1 大匙
香菜 適量（可依個人喜好省略）

作 法

1 把一尾蝦子放在牛五花的最末端，然後用牛五花肉把除了蝦尾的部分包裹起來。Tips

2 蝦子全部用牛五花捲起來之後，灑一點鹽巴稍微醃一下。

3 將豬油放入平底鍋，加熱融化之後，將**步驟 2**的蝦子放下去烤。

4 等牛五花的表面烤熟之後，就灑一點胡椒並起鍋。

5 在美乃滋裡摻入是拉差辣椒醬，做成是拉差美乃滋搭配。

6 可依照個人喜好，加一點切碎的香菜。

Tips

因為牛五花肉烤熟之後會稍微縮水，所以在用牛五花捲蝦子時，每捲一次都要稍微跟前面有一點重疊。

重點 POINT

如果不喜歡有味道的香菜，可以省略。如果喜歡，可以把香菜切碎加進是拉差美乃滋中，或撒在牛五花烤蝦上。

酪梨蝦沙拉杯

1 人份 　需要清爽的便當 ③ ④ ⑤ 帶便當

1 人份	熱量	脂肪	蛋白質	碳水化合物	膳食纖維
	655kcal	53.6g	28.8g	19.4g	10.1g

這是一道由優格醬和酪梨、蝦子、核桃、葉菜類組成的沙拉。葉菜類可能會因為沙拉醬而變得溼軟，所以應該要放在最上面。裝沙拉瓶的要領可以參考 p.21。

食 材

中蝦 8 尾（已剝殼，100g）
紅蘿蔔 30g
高麗菜 60g
奶油 10g
酪梨油 1/2 大匙
蒜泥 1/2 小匙
魚露 1/8 小匙
優格醬 1 人份（60g）
酪梨果肉 100g（小顆）
核桃 20g

優格醬（2 人份）

不甜的希臘優格
6 大匙（或原味優格）
美乃滋 1 大匙
白酒醋 1 大匙
赤藻糖醇 1 小匙
罌粟籽 1/2 小匙
　（可依個人喜好省略）
鹽巴 1/4 小匙

作 法

1　將紅蘿蔔用起司刨絲器最大的孔刨成絲、高麗菜洗乾淨，把水甩乾之後切成一口大小。
2　在平底鍋裡加入奶油和酪梨油，接著將蝦子下鍋並加入蒜泥，蝦子煎至兩面全熟後加入魚露，拌勻之後再關火放涼。
3　把優格醬調好之後裝入沙拉瓶中，然後依序放入酪梨、煎過的蝦子、紅蘿蔔、核桃、高麗菜。
4　要吃之前再將**步驟 3** 的材料全部倒進碗裡，跟沙拉醬拌在一起吃。

製作優格醬

把所有食材全部倒入碗裡，用打蛋器拌勻。

重點 POINT

罌粟籽不是有特殊香味的食材，所以可以省略。但如果覺得沙拉醬看起來太普通，也可以加點香芹粉代替。

百變蛋蛋便當

很少有食材像雞蛋這樣，可以廣泛地運用。

能做出各式各樣的主菜、配菜，也可以配合個人喜好

做成水煮蛋當點心帶在身上。

只要有美乃滋、荷蘭醬、法式伯那西醬，或是橄欖油、奶油，

就可以做出超棒的醬料。

脂肪、蛋白質、礦物質、卵磷脂等成分也都很優秀。

早餐香腸炒蛋

1人份 早餐腸肉泥可以冷凍 一 二 三 四 五 帶便當

1人份	熱量	脂肪	蛋白質	碳水化合物	膳食纖維
	794kcal	**67.2**g	**37**g	**9.2**g	**1.6**g

如果有事先做好的早餐腸肉泥，只要再加雞蛋去炒，就可以立刻
做出美味的一餐。炒的時候也可以加青椒或甜椒之類的蔬菜喔！

食 材

早餐腸肉泥 4 條（約 160g，
請參閱 p.94 製作方式）
鮮奶油 2 大匙
鹽巴 適量
胡椒 適量
大蔥 1/2 根
豬油 1 大匙
雞蛋 2 顆

作 法

1　先把鮮奶油加進雞蛋裡，打散之後再加鹽巴和
胡椒調味，然後把大蔥切開。

2　將豬油抹在平底鍋上，把早餐腸肉泥下鍋，煎
至底部焦黃。Tips1

3　將**步驟 2** 的肉泥翻面，使另一面也煎至焦黃，
然後放上切好的大蔥，並把肉泥切碎 Tips2 跟大
蔥一起煎熟。

4　待大蔥熟後，跟早餐腸肉泥一起推到炒鍋的邊
緣，然後將蛋汁倒入平底鍋中，等雞蛋開始熟
了之後，就邊拌炒雞蛋、邊跟肉泥、大蔥拌在
一起煎熟。

 Tips

> 1. 此時早餐腸肉泥可以不必解凍直
>   接使用。
> 2. 這時已經不需要保留早餐腸的形
>   狀，所以雙面都煎熟之後，就可以
>   把早餐腸切碎，把肉泥煎至熟透。

重點 POINT

當雞蛋跟其他食材一起炒時，在炒過的食材上倒蛋汁，
可能會讓料裡變得太濃稠，所以建議先利用平底鍋空著
的地方把蛋煎熟到一定程度，然後再跟其他食材一起炒。

125

北非蛋

2 人份　　有點疲累的日子 帶便當

1 人份	熱量	脂肪	蛋白質	碳水化合物	膳食纖維
	565kcal	38.8g	40g	12g	5.4g

或許因為北非蛋是一種蛋料理，所以會有種在吃早餐或早午餐的感覺。可以試著用冰箱裡面剩下的零碎食材來做。加點培根和肉，最後再搭配起司，就是超級豐盛的一餐。

食材

牛絞肉 Tips1 150g

培根 3 片（90g）

青椒 1 顆

洋蔥 50g

酥油 1 大匙

鹽巴 適量

胡椒 適量

番茄罐頭 Tips2 400g

孜然粉 1/2 小匙

甜椒粉 1/2 小匙

雞蛋 4 顆

切達起司條 60g

香芹粉 適量

Tips

1. 可以拿烤肉用牛肉或拿整塊牛肉切成一口大小來代替牛絞肉。

2. 罐頭裡任何形狀的番茄都能用，若為整顆番茄，在煮時一邊用木勺把番茄壓碎就行。

作法

1. 把培根、青椒、洋蔥切碎。

2. 將培根用平底鍋炒熟，然後加酥油、洋蔥、青椒一起拌炒。

3. 待洋蔥炒到變成半透明後，加入牛絞肉一起炒，然後再加鹽巴跟胡椒調味。

4. 等牛肉變色後，加入番茄、孜然粉、甜椒粉拌煮。

5. 燉煮到入味後，再加鹽巴和胡椒調整味道，然後用湯匙壓出四個凹陷的洞，每一個洞打一顆蛋。接著均勻撒上起司，蓋上蓋子之後，用小火煮 6 到 8 分鐘，最後撒上香芹粉即可享用。

重點 POINT

- 帶便當時可以用蛋為基準，每一顆蛋就是一塊的量。
- 若不太能接受孜然香，也可以不要加孜然粉。

雞蛋法式燉菜

2~3 人份　週末做起來 一 二 三 帶便當

| 1 人份 | 熱量 348kcal | 脂肪 24.6g | 蛋白質 14.5g | 碳水化合物 17.7g | 膳食纖維 6.3g |

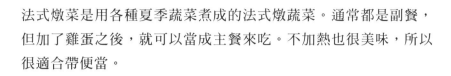

法式燉菜是用各種夏季蔬菜煮成的法式燉蔬菜。通常都是副餐，但加了雞蛋之後，就可以當成主餐來吃。不加熱也很美味，所以很適合帶便當。

食 材

大櫛瓜 1 條（約 500g）
青椒 2 顆
小洋蔥 1 顆
酥油 3 大匙
鹽巴 適量
胡椒 適量
番茄罐頭 400g
巴薩米可醋 1 大匙
奧勒岡 1 大匙
雞蛋 5 顆

Tips

1. 使用的番茄罐頭如果是整顆的，記得用木勺把番茄壓爛。
2. 煮 6 分鐘時，蛋黃就會呈現半熟的狀態，可以依照個人喜好調整煮蛋的時間。

作 法

1. 將櫛瓜直切成四等份，把有籽的部分挖出來，然後切成每塊 1.5 公分左右。青椒去籽後，跟洋蔥一起切成 1.5 公分大。

2. 將 2 大匙酥油倒入平底鍋中，開大火加熱融化後，櫛瓜就可下鍋炒。等櫛瓜開始有點變黃後，再加鹽巴和胡椒調味，然後將剩餘的 1 大匙酥油加進去，加熱融化後切好的青椒與洋蔥也跟著下鍋，加鹽巴胡椒調味後拌炒。

3. 等洋蔥炒到變透明之後，再加番茄罐頭、巴薩米可醋、奧勒岡燉煮約 20 分鐘。Tips1

4. 等**步驟 3** 的材料煮開之後，就把蓋子蓋上，轉為小火繼續燉煮 20 分鐘。

5. 待 20 分鐘之後蔬菜都煮爛、入味之後，再加胡椒和鹽巴做最後的調味，法式燉菜就完成了。

6. 拿湯勺在做好的法式燉菜中央與周圍壓出共 5 個凹洞，分別各打入一顆雞蛋，然後蓋上蓋子用小火煮 6 分鐘。Tips2

重點 POINT

- 法式燉菜通常都是用橄欖油，但因要用大火煎櫛瓜，所以才會改用酥油。酥油的香味比較強烈，味道也更豐富。
- 不加熱直接吃也很美味，但酥油的口感就會變差，所以如果想要涼涼的吃，建議使用酪梨油比較好。

火腿惡魔蛋

6 顆　　再加點油吧 四　帶便當

1 人份	熱量 95kcal	脂肪 8.5g	蛋白質 4g	碳水化合物 0.7g	膳食纖維 0g

惡魔蛋是小時候奶奶做給我吃過的，充滿回憶的料理。奶奶的手藝很好，總是可以擠出美美的蛋黃，所以這道惡魔蛋從小對我來說就非常特別。在蛋黃裡拌入碎火腿，擠一大堆在蛋白上面，真的非常好吃也很有飽足感。

食材

雞蛋 3 顆
三明治用火腿切片 Tips 2 片
珠蔥花 2 大匙
美乃滋 3 大匙
芥末籽醬 1/2 小匙
胡椒 適量

直接拿三明治用火腿切片來切碎，方便又快速。

作法

1 把雞蛋煮到全熟，殼剝掉之後切成一半，把蛋黃挖出來，然後把火腿切碎。
2 將蛋黃用湯匙壓碎後，加入火腿、珠蔥、美乃滋、芥末籽醬、胡椒後拌勻。
3 將**步驟** 2 的蛋黃泥擠到原本蛋黃的位置。

重點 POINT

這道菜做起來簡單，一顆顆吃起來很方便，可以當正餐也可以當點心。

墨西哥辣椒蛋肉派

4 人份 週末做起來冷凍 一 二 三 四 五 帶便當

1 人份	熱量	脂肪	蛋白質	碳水化合物	膳食纖維
	626kcal	48.4g	40.8g	4.5g	0.2g

雖然只要有肉、蛋、起司，烤起來就很好吃，但如果加點調味和辣椒，就會變成更美味、更有特色的料理。

食 材

豬絞肉 200g
牛絞肉 300g
雞蛋 7 顆
鮮奶油 100ml
碎洋蔥 50g
豬油 1 大匙
起司條 120g
醃墨西哥辣椒切片 50g
（注意需確認為無糖）
辣椒粉 2 小匙（由甜椒、孜然、
洋蔥、蒜頭等香辛料混合而成）
鹽巴 適量

作 法

1 將豬油加入平底鍋，加熱融化後把洋蔥下鍋拌炒，炒到洋蔥變成半透明之後，豬絞肉、牛絞肉即可下鍋，再加辣椒粉、1/2 小匙的鹽巴去炒。

2 等肉煮熟後，就裝到烤箱容器裡。Tips

3 在雞蛋裡加入鮮奶油，用鹽巴調味並打散之後，倒入**步驟** 2 的碗中，然後均勻撒上起司條。

4 先在起司上面鋪上醃墨西哥辣椒，再放入以 190℃ 預熱的烤箱裡烤 25 分鐘。

這裡使用的烤箱容器，大小是 15.7 公分 ×27.5 公分。把所有的材料，包含肉湯與油一起倒進烤箱容器裡。

重點 POINT

墨西哥辣椒蛋肉派要等完全放涼之後，再切開用保鮮膜包起來冷凍。包便當時把保鮮膜撕開，以結凍的狀態放入耐熱容器中，用微波爐加熱再吃就好。可以多做一點冷凍起來，等要吃的時候再吃，非常適合帶便當。

培根蛋偽馬芬

6 個　週末做起來 一 二 帶便當 / 冷藏保存 三 四 五 帶便當

1 人份	熱量	脂肪	蛋白質	碳水化合物	膳食纖維
	191kcal	**14.6**g	**13.7**g	**0.7**g	**0**g

我是在法國一間知名的麵包店，第一次看到這道用吐司麵包做成的料理。這道料理用起司代替麵包，做成比較適合生酮飲食的形式。因為底部鋪的是起司，所以建議放涼再吃。

食 材

雞蛋 6 顆
起司條 120g
培根 6 片（180g）
香芹粉 適量
胡椒 適量

作 法

1 在馬芬模具裡鋪上烘焙紙，每一格裡放入 20g 的起司。

2 每一個馬芬都用一片培根沿著模具邊緣繞一圈。

3 在培根中間打一個蛋，先撒上香芹粉和胡椒，再用以 190℃ 預熱好的烤箱烤 25 分鐘。

重點 POINT

· 裝在密封容器中冷藏就可以吃一個禮拜，建議可以先多做一點。

· 不加熱也很美味，所以如果不方便加熱，用這道菜來帶便當，就能享用到飽足的一餐。

烤雞烘蛋

2 人份　週末做起來 一 二 三 四 五 帶便當

1 人份	熱量	脂肪	蛋白質	碳水化合物	膳食纖維
	555kcal	42.3g	36g	6.1g	0.8g

可以把吃剩的肉或蔬菜放進去做成烘蛋，或是拿絞肉、香腸、冰箱裡的蔬菜炒一炒，淋蛋汁去烤也不錯。如果有剩一些分量不多，不知道怎麼使用的番茄醬或是番茄糊，也可以加進去。試著用各種不同的食材來做成烘蛋吧。

食材

烤雞 150g
（只留下撥下來的雞肉）
香菇 1～2 顆
洋蔥 50g
雞蛋 3 顆
鮮奶油 3 大匙
起司條 50g
芥末籽醬 2 小匙
鹽巴 適量
胡椒 適量
奶油 20g
乾香芹 適量

作法

1 把烤雞肉切塊，香菇和洋蔥切絲。

2 在雞蛋中加入鮮奶油、起司條、芥末籽醬，然後加點鹽巴和胡椒調味後拌勻。

3 拿一個直徑 20 公分的生鐵鍋 Tips，放入奶油加熱融化後，香菇和洋蔥及可下鍋炒，等洋蔥炒到變成半透明，烤雞肉就下鍋一起炒。

4 等**步驟 3** 的食材都加熱完成後，倒入**步驟 2** 的蛋汁，灑點香芹粉，然後連同鍋子一起放入以 200℃ 預熱好的烤箱烤 15 分鐘。

Tips

在步驟 3 時如果沒有生鐵鍋，也可以使用一般的平底鍋。如果是用一般的平底鍋，那步驟 4 就要改成蓋上蓋子，用小火燉煮 10 分鐘。

重點 POINT

可以用以切達起司為主，由三、四種起司混合而成的起司條來代替一般起司條，大型超市都有賣。

90 秒蛋沙拉三明治

1 人份　90 秒麵包和雞蛋沙拉週末做好  帶便當

1 人份	熱量	脂肪	蛋白質	碳水化合物	膳食纖維
	709kcal	65.3g	24.5g	8g	2.2g

加了大量的香濃雞蛋沙拉，回憶中的美味！應該很少有人不喜歡雞蛋三明治吧？在做雞蛋沙拉的時候，加點用鹽巴醃過的黃瓜進去，就能為雞蛋沙拉增添不同的口感，而且這兩種食材的味道也很搭喔，加點黃瓜試試看吧！

食材

90 秒麵包 1 個
黃瓜 30g
鹽巴 適量
水煮蛋 2 顆（全熟）
萵苣 3～4 片（跟 90 秒麵包一樣大）
美乃滋 1.5 大匙
黃芥末醬 1/4 小匙
奶油起司 30g（放在室溫下）
赤藻糖醇 適量（可依個人喜好省略）
胡椒 適量

90 秒麵包食材

奶油 20g（融化）
杏仁粉 20g
雞蛋 1 顆
無鋁泡打粉 1/2 小匙

作法

1 將黃瓜切成薄片，灑點鹽巴拌一拌靜置 10 至 20 分鐘，然後先用水輕輕沖洗，再把水擠乾。

2 用刀子 Tips1 把水煮蛋任意切碎之後，跟**步驟 1** 的黃瓜加在一起，加入美乃滋、黃芥末醬、赤藻糖醇、鹽巴、胡椒後拌成雞蛋沙拉。

3 把 90 秒麵包切成一半，兩片分別抹上奶油起司之後，鋪上萵苣葉 Tips2、抹上**步驟 2** 的雞蛋沙拉，做成一個三明治。

4 用保鮮膜或是防油紙把三明治包起來定型。

 Tips

1. 水煮蛋可以直接用刀子切碎，但如果能夠先用切蛋器把蛋切開，再用叉子或湯匙把蛋壓碎，會更輕鬆。
2. 也可以用一般生菜代替萵苣。

製作 90 秒麵包

1 將 90 秒麵包的食材，全部裝進一個跟吐司麵包差不多大小的耐熱容器中，用湯匙拌勻，再放進微波爐裡熱 90 秒。

2 放涼之後再從容器裡拿出來備用。

重點 POINT

· 麵包完全放涼之後再切成一半，這樣比較容易切開。
· 在麵包抹上奶油起司，這樣就可以防止麵包因為雞蛋沙拉的水分而變得溼軟。

醃半熟蛋

4 顆　週末做起來 帶便當

2 顆	熱量	脂肪	蛋白質	碳水化合物	膳食纖維
	244kcal	**19.7**g	**12.9**g	**2.7**g	**0.4**g

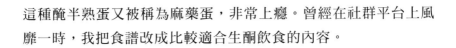

這種醃半熟蛋又被稱為麻藥蛋，非常上癮。曾經在社群平台上風靡一時，我把食譜改成比較適合生酮飲食的內容。

食材

雞蛋 4 顆
洋蔥 20g
青陽辣椒 半根
紅辣椒 半根
芝麻 1 小匙
生薑油 4 小匙

醃漬醬料

礦泉水 3 大匙
有機氨基酸無鹽醬油 2 大匙
赤藻糖醇 1 大匙
蘋果醋 1/2 小匙

作法

1 將湯鍋倒入高度約 1 公分的水拿去煮。
2 等**步驟** 1 的水煮開之後，把雞蛋放在湯勺上，小心地將蛋放進滾水中。Tips1
3 把鍋蓋蓋上轉為中火，煮 6 分 30 秒之後，立刻把蛋放到冷水裡剝殼。
4 把醃漬醬料調好備用。
5 將洋蔥、青陽辣椒、紅辣椒切碎，跟芝麻一起加入醃漬醬料中拌勻。
6 將剝好殼的蛋放入夾鏈袋中，倒入**步驟** 5 的醬料，把空氣擠出來之後關上夾鏈袋。
7 在冰箱裡放一晚 Tips2，要吃的時候再配生薑油一起吃。

Tips

1. 雞蛋是直接泡在水裡，不是放在湯勺上隔水加熱。
2. 冰的期間可以把夾鏈袋翻面一次。

重點 POINT

· 雞蛋直接從冰箱裡拿出來放到滾水裡煮時，只要一點點小小的撞擊就可能破掉，所以要用湯勺小心地移動。
· 裝在夾鏈袋中，先把空氣擠掉再醃蛋，這樣醬料的份量不用太多也能醃得很入味。
· 如果一天沒辦法全部吃完，蛋會變得比較鹹，建議可以多加 1 到 2 大匙礦泉水。
· 因為是半熟蛋，所以最好盡快吃完。

越南雞蛋煎餅

1 人份　週末做起來 帶便當

1 人份	熱量	脂肪	蛋白質	碳水化合物	膳食纖維
	608kcal	43.9g	43g	7.5g	2.4g

越南煎餅是用加了薑黃粉的米粉糊煎成的，是種通常會將豬肉、海鮮與蔬菜一起炒過之後夾在裡面吃的越南料理。這道蛋煎餅是用蛋皮來代替米餅皮，雖然口感不如用米餅皮那樣酥脆，但外型非常相似，而且味道也不輸給酥脆的正統越南煎餅喔。

食材

五花肉 100g（燒烤用）
蝦肉 50g
大蔥 60g
雞蛋 2 顆
鹽巴 適量
豬油 1/2 大匙
胡椒 適量
綠豆芽 100g
魚露 Tips 1/2 小匙

購買魚露時，請務必事先確認是否有含葡萄糖等醣類。

作法

1. 將五花肉切成 0.5 至 1 公分寬，蝦肉切成 1.5 公分，大蔥切成蔥花，雞蛋加鹽巴調味後打勻備用。
2. 將五花肉下鍋，加入大蔥、豬油後用中火炒，然後再用鹽巴和胡椒調味。
3. 等**步驟 2** 的五花肉和大蔥開始變黃後，蝦肉即可下鍋一起炒。
4. 等蝦肉變成粉紅色，把火開到最大 Tips1，然後綠豆芽下鍋快炒。
5. 綠豆芽熱了之後加入魚露，拌勻後即起鍋裝盤 Tips2。這時候肉、蝦子、大蔥等可以留一部份在鍋子裡。
6. 直接用剛剛炒綠豆芽等食材的鍋子煎一塊大蛋皮。
7. 等蛋漸漸熟了，上面的蛋汁已經凝固不會流動之後，就把**步驟 5** 炒好的食材放在其中半邊，然後再把另外半邊摺起來。

1. 炒綠豆芽時，用大火快炒豆芽才不會生水，這樣餡料就不會溼溼的。
2. 這裡先調味，如果覺得味道太淡可以再加鹽巴調整。

重點 POINT

可依照個人喜好搭配是拉差辣椒醬來吃。

豐盛起司蛋偽飯捲

2 條 週末把材料準備好，上班前趕快做一做  帶便當

1 條	熱量	脂肪	蛋白質	碳水化合物	膳食纖維
	441kcal	**33.9**g	**27**g	**8.2**g	**0.8**g

據說就是因為包入大量鬆軟的雞蛋，才會讓韓國慶州的校園裡飯捲總是大排長龍。實在太好奇到底是什麼味道了，於是我就改良成適合生酮飲食的內容。

食 材

雞蛋 4 顆
鹽巴 適量
酪梨油 適量
黃瓜 1/2 根
培根 4 條（120g）
熟泡菜 100g
海苔 2 片（飯捲用）
起司片 6 片

作 法

1　將雞蛋加入鹽巴打散後，先把酪梨油倒入平底鍋中，再把蛋汁倒進去煎成蛋皮。Tips1

2　待蛋皮完全冷卻之後，就捲起來切成細絲。

3　把黃瓜以直向切成四等分，切開之後將籽挖掉，抹點鹽巴醃一下，接著在平底鍋裡倒入一點酪梨油，然後用大火快炒。

4　培根不用切，直接用平底鍋煎熟後放涼。

5　將泡菜用水洗過，並把水完全擠乾。拿兩片起司切片對切成四片。

6　把一張飯捲用的海苔以直向放在飯捲簾上，然後將切好的兩片起司鋪在海苔邊緣要放內餡食材的位置，接著再把切好的另外兩片起司 Tips2，並排放在海苔的另一端。

7　在起司上面放上蛋絲、炒過的黃瓜、煎過的培根、洗過的泡菜，然後再用力捲起來，然後切成方便吃的大小。

1. 蛋汁如果一次全部倒下去，分量會太多，這樣煎出來的蛋皮會太厚，建議可以依照平底鍋的尺寸分成兩到三次煎完。
2. 起司放在海苔邊緣，是為了把海苔固定住，不要讓飯捲鬆開。

重點 POINT

起司切片建議先在室溫下放一段時間，不要從冰箱拿出來直接用，有一點軟這樣黏性才會好。

波隆那肉醬酪梨奶油炒蛋

1 人份 　週末把波隆那肉醬做好冷凍起來 四 五 帶便當

1 人份	熱量	脂肪	蛋白質	碳水化合物	膳食纖維
	801kcal	71g	24.3g	17.2g	7.8g

剛開始生酮飲食的時候，我曾經在日誌上公開波隆那肉醬的食譜，很受到好評。在加了奶油跟鮮奶油，口感變得比較滑順的炒蛋，和熟得恰到好處的酪梨，淋上大量的波隆那肉醬，真的美味又飽足！

食材

波隆那肉醬 100g
雞蛋 2 顆
鮮奶油 2 大匙
鹽巴 適量
胡椒 適量
奶油 20g
酪梨 1/2 個

波隆那肉醬（6 至 8 人份）

豬絞肉 200g
牛絞肉 200g
洋蔥 100g
芹菜 40g
酪梨油 2 大匙
（或豬油、橄欖油）
鹽巴 適量
胡椒 適量
紅酒 1/3 杯（80ml，不甜的）
番茄罐頭 Tips 600g
鮮奶油 1/3 杯（80ml）
奧勒岡 1/4 小匙
月桂葉 2 片
奶油 40g

罐頭裡任何形狀的番茄都能用，若為整顆番茄，在煮時一邊用木勺把番茄壓碎就行。

作法

1. 將蛋打在碗裡並加鮮奶油，以鹽巴和胡椒調味後，再用叉子把蛋打散。
2. 把奶油放入平底鍋，加熱溶化後，將**步驟 1** 的蛋汁倒進去。
3. 開小火，並用刮刀一邊輕輕攪拌等蛋熟。蛋熟到約 90% 左右就可以起鍋。
4. 將酪梨切成大塊，裝在容器裡面，淋上波隆那肉醬之後，再搭配**步驟 3** 的炒蛋。

製作波隆那肉醬

1. 將洋蔥和芹菜切碎。
2. 將酪梨油倒入湯鍋中，洋蔥和芹菜下鍋炒一炒，等洋蔥變成半透明後，所有絞肉即可下鍋，加點鹽巴和胡椒調味後拌炒。
3. 肉熟得差不多之後，加入紅酒、番茄罐頭、鮮奶油，然後再加奧勒岡跟月桂葉煮沸。
4. 以小火燉煮約一個小時，燉煮過程中要時不時地攪拌。等水分慢慢燒乾，湯汁變得濃稠之後就加奶油，等奶油融化，再用鹽巴和胡椒調味。

重點 POINT

- 有很多絞肉的波隆那肉醬，本身就可以帶來飽足感。可以一次做多點再分裝冰起來，常可以派上用場。
- 波隆那肉醬本身每 100g 熱量是 250kcal、脂肪 19.5g、蛋白質 10.5g、碳水化合物 5.6g、膳食纖維 1.1g。

卡納佩全熟蛋

1人份　　只要有水煮蛋就行了　四　五　帶便當

	熱量	脂肪	蛋白質	碳水化合物	膳食纖維
1人份	345kcal	27.6g	20.5g	2.4g	0.2g

料理時間不夠，食材也不充足的時候，就拿冰箱裡剩的食材來簡單準備個便當吧。比單吃水煮蛋更好吃喔！

食材

雞蛋 3 顆
黃瓜薄片 6 片
美乃滋 1 大匙
鰻魚片 2 條
橄欖 6 個（切開的）
胡椒 適量

作法

1 在湯鍋裡倒入約 1 公分高的水烹煮。

2 等**步驟** 1 的水煮開之後，就把雞蛋放在湯勺裡 Tips，小心地放入滾水中。

3 把鍋蓋蓋上，用中火煮 9 分鐘，等蛋煮熟之後立刻浸泡到冷水裡把殼剝掉。

4 把蛋對切，各放上一塊黃瓜，再放上一點點美乃滋，接著把鰻魚切碎放上去，再放上橄欖。

5 把胡椒磨碎撒上去後就能吃了。

這裡是指將雞蛋直接泡在水裡，不是放在湯勺上隔水加熱。

重點 POINT

建議多使用蒔蘿醃黃瓜、冷奶油切塊、火腿、醃墨西哥黃瓜、起司、芥末、燻鮭魚等冰箱裡的食材，做出不同的卡納佩。

輕食便當

很多人都認為低醣生酮飲食，就一定只能攝取大量的脂肪，

但其實搭配各種蔬菜也是非常重要的。

雖然身體主要是從脂肪獲取能量，

但維生素、礦物質等微量營養也是能量來源，可以透過蔬菜來供給。

如果沒辦法吃新鮮蔬菜，也可以炒過、燙過再吃。

可以多吃萵苣、菠菜、蘿蔔葉、白菜等葉菜類，黃瓜、茄子、南瓜、

甜椒等果實類可以帶來飽足感，也可以搭配享用。

紅蘿蔔、蘿蔔、洋蔥、蒜頭等根莖類含有碳水化合物，分量要多注意。

馬鈴薯和玉米等澱粉較多的蔬菜則不要吃。

舀著吃春捲餡

1 人份　週末做起來 一 二 帶便當

1 人份	熱量	脂肪	蛋白質	碳水化合物	膳食纖維
	720kcal	57g	38.6g	13.8g	4.9g

試著把花椰菜莖切絲拿去炒吧。有一些販售外國食物的店，也可以買到像是 broccoli slaw 等切好絲的花椰菜莖或紅蘿蔔。跟調好味的豬肉一起炒過，再用春捲皮包起來拿去炸，春捲就完成了。不過如果直接把內餡食材拿去炒來吃，其實也夠好吃。

食 材

豬絞肉 200g
花椰菜莖 1 顆
（削皮後約 100g）
香菇 2 顆
大蔥 30g
豬油 1 大匙
蒜泥 1/2 小匙
生薑末 1/3 小匙
無糖蒸餾燒酒 1/2 小匙
紅蘿蔔 20g
有機氨基酸無鹽醬油 1 大匙
蘋果醋 1 小匙
麻油 1/4 小匙

作 法

1　用馬鈴薯削皮刀或是刀子把花椰菜莖的外皮削掉，保留原本莖的樣子，切成 0.3 公分的細絲，並將香菇切絲、大蔥切碎備用。

2　將豬油放入平底鍋，加熱融化後將大蔥末、蒜泥下鍋用中火爆香，然後放入豬絞肉，加生薑末和無糖蒸餾燒酒拌炒。

3　等豬肉熟得差不多，就開大火，然後將香菇、花椰菜莖、紅蘿蔔下鍋拌炒。

4　等香菇炒到變軟之後，就把食材都先推到鍋子的外圍，在中間空的位置倒入有機無鹽醬油和蘋果醋 Tips，燉煮到濃稠冒泡之後，再跟材料拌在一起炒。

5　起鍋後淋點麻油拌勻。

Tips

炒時候加點醋下去，不是為了讓料理有酸味，而是希望能提味。

重點 POINT

· 煎好一張蛋皮，把春捲餡放進去，用蛋皮包起來再切成一口大小，這樣就變成蛋春捲了。

· 如果喜歡吃辣，可以加點是拉差香甜辣椒醬。

泡菜肉丸湯

1 人份　肉丸可以冷凍保存　四　五　帶便當

1 人份	熱量	脂肪	蛋白質	碳水化合物	膳食纖維
	618kcal	49.7g	36.1g	6.2g	1.9g

如果冷凍庫裡有已經做好的泡菜肉丸，就能像煮泡麵一樣很快完成這道泡菜肉丸湯，很適合帶便當。

食 材

杏鮑菇菌柄 1/2 顆
泡菜肉丸 5 個
牛骨湯 250ml
湯醬油 適量
雞蛋 1 顆
鹽巴 適量
胡椒 適量
大蔥花 適量

作 法

1. 保留杏鮑菇菌柄的圓形，切成類似年糕的大小備用。
2. 將泡菜肉丸 和杏鮑菇一起放入湯鍋中，倒入牛骨湯。
3. 肉丸煮透之後加入湯醬油調味。
4. 把蛋打在碗裡，加點鹽巴、胡椒調味之後用小火燉煮，然後再均勻倒入湯中，煮 10 至 20 分鐘後關火。最後撒上蔥花。

> **Tips**
>
> 如果泡菜肉丸還是冷凍狀態，不需要另外解凍，只要一開始就加牛骨湯一起煮就好。

泡菜肉丸

豬絞肉 400g
泡菜 100g（醃熟的）
洋蔥 50g
大蔥花 3 大匙
有機氨基酸無鹽醬油 1 大匙
麻油 1/2 大匙
豬油 2 大匙
辣椒粉 1 小匙
鹽巴 適量
胡椒 適量

製作泡菜肉丸

1. 準備湯汁完全擠乾的泡菜和碎洋蔥。
2. 把所有食材跟豬肉拌在一起，做成肉丸餡，然後每 40g 揉成一顆肉丸，共作成 16 顆。
3. 用先以 200℃ 預熱的烤箱烤 20 分鐘。

重點 POINT

- 杏鮑菇如果太小，料理的分量看起來就會太少，建議使用較大的杏鮑菇。
- 切的時候要保留杏鮑菇菌柄的圓形（撕的時候要逆著紋理），才會有類似年糕的口感。

大醬佐生菜

3~4 人份　週末做起來 一 二 帶便當

1 人份	熱量	脂肪	蛋白質	碳水化合物	膳食纖維
	341kcal	**22.1**g	**19.2**g	**17.7**g	**5.7**g

雖然不加類似馬鈴薯這種含有大量澱粉的食材，湯汁就不會太黏稠，但加入大量蔬菜跟肉去熬煮，就能夠做出超美味的大醬。可以直接拿生菜包大醬吃，也可以搭配煮熟的蔬菜，這樣更有飽足感、更美味。

食材

牛五花肉 300g
（或薄切五花肉）
蘿蔔 150g
杏鮑菇 100g
櫛瓜 100g
洋蔥 50g
大醬 3～4 大匙（無調味）
水 400ml
鯷魚粉 1 小匙
辣椒粉 1 小匙
蒜泥 1 小匙
青陽辣椒 2 根
紅辣椒 1 根
大蔥 50g

生菜材料

芝麻葉 40 片
高麗菜 600g
鹽巴 適量

作法

1. 將牛五花肉切成 1 公分寬、蘿蔔切絲、杏鮑菇、櫛瓜和洋蔥切成 0.5 至 1 公分的塊狀、青陽辣椒、紅辣椒和大蔥切碎。

2. 把五花肉裝入湯鍋中，炒到肉變色且開始出油之後，蘿蔔就可以跟著下鍋，拌勻後加入大醬炒一炒。

3. 炒到大醬的味道消失之後，杏鮑菇、櫛瓜、洋蔥就可下鍋，加入 400ml 的水，再加鯷魚粉、辣椒粉、蒜泥熬煮。

4. 蔬菜都煮熟後，繼續用中火熬煮至少 10 分鐘，直到湯汁變得濃稠，然後再加青陽辣椒、紅辣椒和大蔥煮 5 分鐘，大醬就完成了。

製作生菜

1. 在水裡加點鹽巴，放到瓦斯爐上煮開之後，拿夾子一次夾起所有的芝麻葉，放進水裡涮個幾次，燙熟之後馬上泡到冷水裡，冷卻之後再把水擠乾。

2. 把高麗菜切成方便食用的大小，直接用燙芝麻葉的水去煮，煮 3 分鐘之後即可撈起，然後直接放涼 Tips 。

Tips

這裡的高麗菜要不泡冷水直接放涼，這樣吃起來才會鮮脆。

重點 POINT

也可以拿酪梨切塊加進去，再搭配一、兩顆半熟煎蛋，加入大量韭菜、紫蘇油拌一拌，做成大醬韭菜拌飯來吃。

椰子油烤蔬菜

2 人份　　周間開始有點疲累的日子 三 帶便當

1人份	熱量	脂肪	蛋白質	碳水化合物	膳食纖維
	507kcal	44.7g	17.9g	14.6g	4.9g

椰子油用於料理雖然安全，但因為味道特別，所以平常不太會用。不過如果用椰子油去拌高麗菜之類的蔬菜再拿去烤，真的很好吃。一次多烤一些，可以分好幾次吃，非常方便。

食材

高麗菜 200g
花椰菜 1 棵（200g）
椰子油 3 大匙
鹽巴 適量
胡椒 適量
香腸 Tips 160g
帕馬森起司 20g

Tips

這裡用的是 IKEA 的早餐腸。肉含量高達 96%，其中約有 50% 是韓國產的豬肉，成分不錯。

作法

1 將高麗菜跟花椰菜都切成一口大小。
2 將高麗菜跟花椰菜加入椰子油 Tips、鹽巴、胡椒後拌勻。
3 在香腸上面劃幾道刀痕。
4 將**步驟 2** 的蔬菜平舖在大的餅乾烤盤上，然後把香腸放在其中一角。
5 將帕馬森起司磨碎後均勻撒在表面，放入用 200℃ 預熱的烤箱烤 30 分鐘。

Tips

如果椰子油是凝固的狀態，可以戴塑膠手套，把凝固的油給捏開。

重點 POINT

雖然最好不要吃香腸或培根，但它們確實是很適合帶便當的食材。買的時候要先確認成分，挑選含糖量較低的產品，香腸則要盡量選擇肉含量 90% 以上的產品。

花椰菜起司偽通心麵

4 人份　週末做起來 ─ 帶便當

1 人份	熱量	脂肪	蛋白質	碳水化合物	膳食纖維
	521kcal	42.8g	23.4g	11.5g	3.1g

這是用花椰菜代替通心麵的花椰菜起司偽通心麵。要準備便當的話，可以搭配醃黃瓜或是簡單的沙拉。

食 材

白花椰菜 500g（處理過的）
培根 120g
大蔥 100g
奶油 20g
鮮奶油 3/4 杯
切達起司條 150g
芥末粉 1/2 小匙
莫札瑞拉起司條 100g
帕馬森起司條 20g
鹽巴 適量
胡椒 適量

作 法

1. 將白花椰菜切成 1 到 2 公分大、培根切成 1 公分寬、大蔥切成蔥花備用。

2. 把花椰菜裝在耐熱容器裡，不要包保鮮膜也不要蓋蓋子，直接放進微波爐裡熱 4 分鐘，拿出來拌一下之後再熱 3 分鐘，然後再拿出來拌一拌，再放進去熱 3 分鐘。Tips

3. 用平底鍋把培根炒熟。

4. 把平底鍋上剩餘的培根油留下，再加入奶油，然後將大蔥下鍋以中火慢炒。

5. 等大蔥炒熟之後就把火關小，倒入鮮奶油、切達起司、芥末粉之後一邊拌一邊等起司融化。

6. 待起司融化拌勻之後，將**步驟 2** 的花椰菜和莫札瑞拉起司、帕馬森起司加進去，一邊煮一邊攪拌，煮熟之後加鹽巴和胡椒調味。

7. 將**步驟 4** 烤得脆脆的培根撒在**步驟 6** 材料的上面就可以吃了。

這裡只要用微波爐熱到花椰菜全熟就好。

重點 POINT

用微波爐熱白花椰菜時，不能包保鮮膜也不能蓋蓋子，這樣水分才會蒸發，做成偽通心麵時水分才不會太多。另外還有將花椰菜稍微燙一下，然後再用蒸的蒸熟等方法。

90 秒火腿沙拉三明治

1 人份　　週末做起來 ━ 帶便當

1 人份	熱量	脂肪	蛋白質	碳水化合物	膳食纖維
	659kcal	**61.9**g	**19.2**g	**10.3**g	**3.3**g

小的時候跟爸媽一起搭夜間的火車旅行時，曾經吃過這種三明治。即便對年幼的我來說，這種三明治也非常美味。當時是媽媽用高麗菜絲、火腿拌美乃滋和番茄醬，夾在吐司麵包之間做給我吃的。我覺得這是大家都可以試試看的回憶的三明治。

食材

三明治火腿切片 2 片
奶油起司 30g
高麗菜絲 50g
美乃滋 1.5 大匙
芥末籽醬 1/2 小匙
赤藻糖醇 1/2 小匙
胡椒 適量
90 秒麵包 1 個

90 秒麵包（1 個）

奶油 20g（融化）
杏仁粉 Tips 20g
雞蛋 1 顆
無鋁泡打粉 1/2 小匙

購買麵包材料中的杏仁粉時，就算成分表上面寫百分之百，也要跟店家確認有沒有加麵粉過後再買。

作法

1. 把奶油起司拿出來放在室溫下讓它變軟。
2. 將火腿片切成絲。
3. 將高麗菜、火腿絲、美乃滋、芥末籽醬、赤藻糖醇、胡椒用筷子拌在一起。
4. 將 90 秒麵包對切，兩邊各抹上奶油起司，然後把**步驟 3** 的餡料放上去做成三明治。
5. 用保鮮膜或是防油紙 Tips 包起來固定。

防油紙只有一面有上防油塗料。用有上塗料的那一面把食物包起來，沒有上塗料的那面向外，這樣就可以貼膠帶固定了。

製作 90 秒麵包

1. 用跟吐司麵包差不多大的耐熱容器，把 90 秒麵包的材料全部放進去裡面，然後用湯匙拌勻，再放進微波爐裡面熱 90 秒。
2. 冷卻後將麵包從容器裡拿出來，就完成了。

重點 POINT

先抹上奶油起司再放餡料，這樣麵包才不會被餡料弄溼。

橄欖火腿起司串

4 個　再加點油吧 四 五 帶便當

4 個	熱量	脂肪	蛋白質	碳水化合物	膳食纖維
	573kcal	**52.1**g	**22.5**g	**7.4**g	**0.4**g

疲憊又煩躁時，可以快速做這道點心來撫慰自己。抓緊時間吃一、兩個，不僅美味，也可以很快轉換心情，但因為有飽足感，所以先吃這道橄欖火腿起司串，到了用餐時間可能就會不想吃東西了。搭配水煮蛋或酪梨，就可以代替正餐囉！

食 材

三明治火腿片 4 片
美乃滋 2 大匙
黃芥末醬 2 大匙
起司片 4 片
萵苣 Tips 4 片
橄欖 4 顆（去籽）

苦苣彎彎的，體積比較大很難捲，建議用綠萵苣會比較好捲。

作 法

1　將美乃滋與黃芥末拌在一起。
2　鋪一片火腿片，在上面放一片起司，然後抹上**步驟** 1 的醬料。
3　在**步驟** 2 上放一片萵苣，用最外層的火腿整個捲起來，放一顆橄欖之後再用竹籤固定。

重點 POINT

不需要額外料理，只要有這些食材就能迅速完成！

南瓜煎餅

1 人份　週末做起來  帶便當

1 人份	熱量	脂肪	蛋白質	碳水化合物	膳食纖維
	474kcal	41.6g	9.6g	17.2g	4.2g

櫛瓜加南瓜，做成這道甜甜的南瓜煎餅。又香又甜的南瓜煎餅，加熱後沾著冰涼的酸奶油一起吃，真的超級美味！不加熱也很好吃喔。

食材

南瓜 100g
櫛瓜 200g
鹽巴 適量
雞蛋 1 顆
豬油 2 大匙
酸奶油 4 大匙

作法

1. 將南瓜連皮一起，用起司刨絲器最大的孔去刨成絲。Tips1

2. 把櫛瓜也用起司刨絲器最大的孔刨成絲，然後跟 1/2 小匙的鹽巴拌在一起後先靜置 1 分鐘，再用力把水擠乾。

3. 打一個蛋、加 2 撮鹽巴跟南瓜絲和櫛瓜絲拌在一起。

4. 加 1 大匙豬油到平底鍋中，加熱融化之後，將**步驟 3** 的麵糊倒進去，做成一個直徑 6 到 7 公分，且有一定厚度的圓形，然後以中火煎熟。Tips2

5. 沾酸奶油吃。

1. 步驟 1 和步驟 2 的南瓜和櫛瓜弄成細絲也可以。
2. 這裡每煎一塊新的煎餅就要加一次豬油，總共可以煎 6 塊。

重點 POINT

櫛瓜水分含量高，用鹽巴稍微醃一下，讓櫛瓜把水排出來，這樣做出來的麵糊才不會太稀。

烤牛肉酪梨偽飯糰

2 人份　週末先把食材準備好 — 帶便當

1 人份	熱量	脂肪	蛋白質	碳水化合物	膳食纖維
	629kcal	**43.8**g	**50.2**g	**8.8**g	**4.5**g

這款便當被放入了 2018 年春天〈低醣生酮論壇〉的便當精選企劃中,很受到參加者的喜愛。這種日式偽飯糰不像韓式的飯糰一樣需要捏。內餡的烤肉調味比較鹹一點,另外用細高麗菜絲代替白飯,配在一起吃會覺得味道剛剛好。

食 材

細高麗菜絲 Tips 100g
雞蛋 4 顆
鹽巴 適量
海苔 2 片(飯捲用)
起司 4 片
酪梨切片 1/2 顆
芝麻葉 2 片
牛肉 300g(燒烤用)
是拉差辣椒醬 適量
美乃滋 適量

Tips

用高麗菜切絲刀,切出來的高麗菜絲會比用其他刀子更細,而高麗菜絲越細,越可以堆得紮實避免散落,口感也比較好。

烤肉醬

有機氨基酸無鹽醬油 1.5 大匙
赤藻糖醇 3/4 大匙
無糖蒸餾燒酒 1/2 大匙
麻油 1 小匙
蔥花 1 小匙
蒜泥 1/2 小匙
胡椒 適量

作 法

1　將高麗菜洗淨切絲後,先放入冷水浸泡,再用蔬菜脫水機把水甩乾備用。

2　先將烤肉醬拌好,再炒到湯汁完全收乾。

3　把雞蛋 Tips 打散並加點鹽巴調味後,煎成跟起司切片一樣大的兩片厚煎蛋。

4　在海苔中間以 45 度角放一片起司,然後再放上煎蛋跟酪梨切片。

5　鋪上一片芝麻葉,放上烤牛肉之後,再放上高麗菜絲。

6　在一片起司上抹上跟是拉差辣椒醬調在一起的美乃滋,抹上美乃滋的那一面朝下蓋在高麗菜絲上,朝上的那一面也抹上是拉差美乃滋,這樣才能固定住海苔。

7　像在組裝包裹一樣把海苔包起來,上、下、左、右抹上起司並折好固定住之後,再用保鮮膜緊緊裹住,接著重複**步驟4～7**,總共做出兩個偽飯糰。

8　先將偽飯糰對切成一半,再裝進便當盒裡。

Tips

將蛋汁倒入平底鍋之後,一開始先稍微攪拌一下,等蛋成形之後就可以放著,等整塊蛋煎熟。

重點 POINT

- 在海苔裡放入大量食材,再緊緊包裹住,這樣切出來的切面才會好看。
- 只用海苔包住的時候可以先不用切開,等用保鮮膜包起來再切就好。

起司番茄牛肉酪梨杯

3 人份 週末做起來 四 五 帶便當

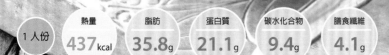

1人份	熱量	脂肪	蛋白質	碳水化合物	膳食纖維
	437kcal	**35.8**g	**21.1**g	**9.4**g	**4.1**g

用低醣生酮飲食最不可或缺的酪梨醬、酸奶油等，做成美味的酪梨杯。用透明的容器，一層一層地把食材裝進去，無論走到哪都會是超受歡迎的好料。

食材

牛絞肉　200g
酪梨油　1 大匙
辣椒粉 Tips 1.5 小匙
鹽巴　適量
胡椒　適量
酪梨果肉　150 ～ 200g
（約一顆大酪梨的量）
檸檬汁　2 ～ 3 小匙
紅洋蔥末　2 大匙
大番茄　1 顆
酸奶油　150g
切達起司條　60g
碎香菜　適量
（可依個人喜好省略）

Tips

這裡的辣椒粉是用甜椒、孜然、洋蔥、蒜頭等帶辣味的香辛料做成的調味粉。

作法

1. 將酪梨油抹在平底鍋裡，牛絞肉下鍋並加辣椒粉、鹽巴 1/4 小匙拌炒，炒好之後撒一點胡椒放涼。

2. 在酪梨果肉中加入檸檬汁、紅洋蔥末、一點鹽巴和胡椒，再用叉子把酪梨壓碎做成酪梨醬。

3. 把番茄籽切掉，然後將番茄果肉切成邊長 1 公分大的塊狀。

4. 拿三個容量約 300 到 400ml 的容器，將炒好的牛肉分裝在裡面，然後依序將酪梨醬、切好的番茄、酸奶油、切達起司分裝進去。

5. 可依照個人喜好灑點香菜。

重點 POINT

起司可以用大型超市賣的，以切達起司為主，由三、四種起司混合而成的綜合起司來代替切達起司條。

甜椒火腿酪梨三明治

1 人份　需要簡單又清爽的便當 四 五 帶便當

1 人份	熱量	脂肪	蛋白質	碳水化合物	膳食纖維
	530kcal	45.9g	18.8g	16.4g	8.6g

這是用甜椒代替麵包做成的三明治。雖然都是一些很熟悉的食材,但加了清爽的甜椒,組合起來的美味可說是超越想像,一定要試試看!

食 材

萵苣 1 片
豬油 1/2 大匙
雞蛋 1 顆
鹽巴 適量
酪梨 1/2 顆
甜椒 Tips 100g
美乃滋 1 大匙
黃芥末醬 1 小匙
三明治火腿切片 60g

一個甜椒切成厚厚的兩片就差不多是 100g。

作 法

1 將豬油放入平底鍋加熱,蛋打在碗裡,加點鹽巴調味後下鍋煎熟。

2 把萵苣洗乾淨之後水擦乾,酪梨去籽後切片備用。

3 將甜椒切成兩片 Tips,在兩片的切面上各抹 1/2 大匙的美乃滋和 1/2 小匙的黃芥末醬。

4 在其中一片甜椒上放上萵苣、煎蛋、火腿切片和酪梨,然後再拿另一片甜椒蓋上去,用保鮮膜包起來固定。

切甜椒時,要以甜椒籽所在的位置為中心,像圖中這樣切成兩半。

重點 POINT

這道菜除了煎蛋之外沒有其他的料理過程,是很適合夏天的三明治。在懶得準備便當的星期四或星期五,可以簡簡單單就完成一個便當。

涼拌沙拉便當

開始帶便當之後，每週都會有一天想吃清爽又新鮮的沙拉。

有些沙拉很適合先跟沙拉醬拌在一起再裝進便當盒裡，

但也有些適合先分裝在瓶子裡，要吃時再拌在一起。

沙拉瓶是個很美觀的容器，

只要一個瓶子，就可以分裝食材跟沙拉醬。

用沙拉瓶分裝的要領，可以參考 p.21。

市售的沙拉醬都有加糖和其他添加物，所以建議大家配合食譜做喔！

緬甸式烤雞沙拉

3 人份　週末做起來 一 二 帶便當

1 人份	熱量	脂肪	蛋白質	碳水化合物	膳食纖維
	577 kcal	**47** g	**28.3** g	**10.8** g	**2.1** g

這道菜是住在新加坡的後輩，向擅長做緬甸料理的人學了之後再教我的。因為是加了雞絲的沙拉，所以如果有吃剩的炸雞，也可以拿來做成這道沙拉。為了讓這道清淡的沙拉更香，我還刻意買了烤雞呢！

食材

烤雞 Tips 1/2 隻
洋蔥 150g（油炸用）
酪梨油 100g
檸檬汁 4 大匙
咖哩粉 1/2 小匙
芹菜 100g
洋蔥 100g（沙拉用）
小番茄 6 顆
鹽巴 適量
碎香菜 適量
（可依個人喜好省略）

Tips

我們只會用到烤雞的雞肉，而 COSTCO 的 烤雞很大隻，所以只要剝 1/2 隻的烤雞肉下來就好，大約是 600g 左右。

作法

1 將油炸用洋蔥切成細絲，倒入湯鍋中，加點酪梨油後放到瓦斯爐上，油熱好之後就轉為小火，炸到洋蔥開始有點變成褐色。

2 把油炸用洋蔥 Tips 用濾網撈起放涼，炸過的油也放在旁邊冷卻，變涼之後就加檸檬汁和咖哩粉拌在一起做成醬料。

3 將芹菜斜切，沙拉用洋蔥切絲，小番茄對切備用。

4 把剝好的烤雞倒入**步驟 2** 的沙拉醬中，再加入**步驟 3** 的芹菜、洋蔥與小番茄後拌勻。如果味道不夠，可以加鹽巴調味。

5 將**步驟 2** 的炸洋蔥和香菜加到**步驟 4** 的材料中拌在一起。

Tips

步驟 2、3 的洋蔥分別是油炸用跟沙拉用洋蔥，請事先準備好兩份洋蔥。油炸用洋蔥放涼之後口感會變得比較脆。

重點 POINT

這是一道加入大量油炸洋蔥，和吸飽洋蔥香味的酪梨油做成的沙拉。雖然有點麻煩，但酥脆的炸洋蔥和充滿洋蔥香的油，就是這道料理的特點。

核桃雞胸肉沙拉

2 人份　　週末做起來 帶便當

	熱量	脂肪	蛋白質	碳水化合物	膳食纖維
1 人份	390kcal	28.8g	27.5g	5.9g	2.7g

拌入清爽的沙拉醬，在炎熱的夏天會讓這道沙拉更加美味。我估得分量是比較少的一人份，可以再搭配酪梨或是水煮蛋，這樣應該就是很剛好的一餐。兩人份的量也可以當成一人份來吃，就會很有飽足感。

食材

雞胸肉 200g
培根 2 片（60g）
芹菜葉 適量
鹽巴 適量
芹菜 60g
小番茄 8 顆（100g）
核桃 30g

沙拉醬

橄欖油 3 大匙
洋蔥末 1 大匙
羅勒 1 大匙（切碎）
蘋果醋 2 小匙
芥末籽醬 1 小匙
鹽巴 1/2 小匙
胡椒 適量

作法

1　把雞胸肉和芹菜葉裝在湯鍋裡，加入可以完全蓋過雞胸肉的冷水，然後加一點鹽巴，再放到瓦斯爐上開中火煮。

2　等**步驟 1** 的水滾了之後，把火關掉並蓋上鍋蓋，悶 10 分鐘把雞胸肉悶熟。

3　將**步驟 2** 的雞胸肉拿出來，放涼之後切成 1.5 公分的塊狀。芹菜則切碎，小番茄對切。

4　將培根煎熟後切碎。

5　把沙拉醬調好。

6　將雞胸肉、芹菜、小番茄、核桃、培根裝在碗裡，最後淋上**步驟 5** 的沙拉醬，拌勻之後冰進冰箱裡，要吃再拿出來吃。

重點 POINT

用步驟 1、2 的方法把雞胸肉煮熟，這樣肉質就不會太柴。

香菇起司沙拉

1 人份　週末做起來 — 帶便當

1 人份	熱量	脂肪	蛋白質	碳水化合物	膳食纖維
	500kcal	39.7g	18.1g	19.3g	6.3g

如果有別的料理用剩的各種香菇，加點高達起司，簡簡單單就能
完成這道沙拉。

食材

杏鮑菇 1 顆（100g）
香菇 2 顆
金針菇 1 包
洋蔥 20g
高達起司 40g（切片，或埃德
姆起司）
鹽巴 適量

沙拉醬

橄欖油 2 大匙
芥末籽醬 2 小匙
蘋果醋 2 小匙
白巴薩米可醋 1/2 小匙（或一
般巴薩米可醋）
乾香芹 1/2 小匙
鹽巴 適量

作法

1 將杏鮑菇先對切，再從直向切成一半之後切片。
將香菇的蕈柄切掉，再切成薄片。將金針菇的
根部切掉、洋蔥切細絲、起司切成 0.5 公分寬。

2 鹽水煮沸後，把切好的菇類全部放下去燙 1 分鐘，
然後再放到冷水裡洗一下，接著再把水擠乾。

3 先把沙拉醬調好，再加入洋蔥絲與燙好的香菇，
用筷子拌勻，接著加入起司輕輕地翻拌。

重點 POINT

1 人份就很有飽足感，如果要搭配烤肉等蛋白質豐富的主
菜，就相當於 2 ～ 3 人份。

海鮮沙拉

2 人份　週末做起來  帶便當

1 人份	熱量	脂肪	蛋白質	碳水化合物	膳食纖維
	555kcal	**41.4**g	**34.2**g	**11.7**g	**2.7**g

冰在冰箱裡，要吃的時候再拿出來，還有比這道美味沙拉，更適合炎熱夏天的便當菜色嗎？

食 材

小魷魚 1 尾
中蝦 16 尾（已剝殼，200g）
洋蔥 30g
芹菜 100g
小番茄 8 顆
鹽巴 適量
大橄欖 12 顆

沙拉醬

橄欖油 5 大匙
白酒醋 4 大匙
白巴薩米可醋 1 大匙
（或一般巴薩米可醋）
乾香芹 2 小匙
鹽巴 1/4 小匙
胡椒 1/8 小匙

作 法

1 將魷魚的身體切開，把內臟清除後洗乾淨 Tips。

2 把洋蔥切碎，芹菜斜切，小番茄對切備用。

3 把沙拉醬調好，將洋蔥、芹菜、小番茄加進去。

4 在滾水中加點鹽巴，蝦子跟魷魚分別下去燙過之後，再泡到冷水裡冷卻。

5 魷魚的身體直的對切成一半，切成每塊 0.5 到 1 公分大，魷魚腳則一隻隻切下。

6 將蝦子、魷魚、橄欖倒入**步驟 3** 的碗中，拌勻之後放進冰箱裡冰 30 分鐘，就能吃了。

如果時間充裕，可以在燙魷魚之前，在魷魚上面密集地畫刀痕。燙過之後魷魚就會變得很漂亮，醬料也能滲入縫隙中。

重點 POINT

加了大量橄欖油的酸甜沙拉醬，跟蔬菜與海鮮的湯汁調和在一起十分美味，可以多加一點。

雞肉凱薩沙拉杯

1 人份　需要清爽的便當 帶便當

1 人份	熱量	脂肪	蛋白質	碳水化合物	膳食纖維
	569kcal	42g	39.9g	8.9g	4.2g

比起另外料理雞肉，我選擇了使用方便的烤雞來做這道凱薩沙拉。沙拉醬也適用鯷魚糊，做起來比較簡單，但如果手邊有鯷魚肉，也可以直接拿鯷魚肉剁碎做成沙拉醬。裝沙拉瓶的訣竅可以參考 p.21。

食材

烤雞 100g（只需肉的部分）
蘿蔓 80g
凱薩沙拉醬 1 人份（35g）
水煮鵪鶉蛋 8 顆（已剝殼）
小番茄 6 顆
核桃 10g

凱薩沙拉醬（3 人份） Tips

蛋黃 1 顆
鯷魚糊 10g
檸檬汁 1.5 大匙
蒜泥 1/4 小匙
橄欖油 50g
帕馬森起司 10g（磨碎）
鹽巴 適量
胡椒 適量

Tips
凱瑟沙拉醬如果密封冷藏，可以放 5 天左右。

作法

1 將蘿蔓洗乾淨後切成半口大小，然後用沙拉蔬菜脫水機把水弄乾。
2 把烤雞肉剁下來，用平底鍋稍微炒一下。
3 先把沙拉醬裝入沙拉瓶裡，再依序放入鵪鶉蛋、小番茄、雞肉、核桃、蘿蔓。
4 要吃之前再整個倒進碗裡，跟沙拉醬拌在一起吃。

製作凱薩沙拉醬

把所有食材拌在一起，就完成了。

重點 POINT

· 沙拉不是需要加熱的料理，所以如果是用冷凍烤雞肉的話，建議先用平底鍋炒一下。因為解凍過程中可能會增生細菌。

· 也可以用其他的雞肉來代替烤雞肉，像雞胸肉或是雞腿肉，烤過之後都很好吃。如果是自己烤雞肉的話，可以用鹽巴和胡椒調味，烤熟之後再切開來料理。

尼斯沙拉杯

1 人份　需要清爽的便當   五 帶便當

1 人份	熱量	脂肪	蛋白質	碳水化合物	膳食纖維
	522kcal	40.8g	31.5g	10.3g	3.8g

鄰近地中海法國尼斯的沙拉料理，是夏天令人回味無窮的美味。雖然為了方便，使用很多鮪魚罐頭，但也可以放一些烤過的鮪魚或鯷魚。雖然沒有尼斯沙拉常見的馬鈴薯，但卻是一道蛋白質分量十足的飽足沙拉。裝沙拉瓶的訣竅可以參考 p.21。

食材

鮪魚罐頭 1 個（135g）
菊苣 30g
黃瓜 50g
洋蔥巴薩米可醋醬 1 人份
（35g）
水煮鵪鶉蛋 8 顆（已剝殼）
橄欖 8 顆
小番茄 6 顆

洋蔥巴薩米可醋醬（2 人份）

橄欖油 3 大匙
巴薩米可醋 1 大匙
酒醋 1/2 大匙
（紅酒醋或白酒醋皆可）
芥末籽醬 1 小匙
洋蔥末 1 大匙
鹽巴 1/4 小匙
胡椒 1/8 小匙

作法

1 將菊苣洗乾淨，把水弄乾之後撕成一口大小、黃瓜切片備用、鮪魚罐頭倒出來用湯匙按壓，去除多餘的油和湯汁。

2 將洋蔥巴薩米可醋醬倒入沙拉瓶裡，再依序放入鵪鶉蛋、橄欖、小番茄、鮪魚、黃瓜和菊苣。

3 要吃之前將**步驟 2** 的材料倒進碗裡，跟醬料拌在一起吃。

製作洋蔥巴薩米可醋醬

把所有材料調在一起，就完成了。

重點 POINT

尼斯沙拉是搭配以油為基底的清爽沙拉醬，非常適合夏天。這道菜一定要加水煮蛋，這裡我以鵪鶉蛋代替，各位也可以直接切水煮蛋來用。另外也可以用沙丁魚罐頭代替鮪魚。

大麥克沙拉

1 人份　週末先把沙拉醬做好 一 二 三 四 五 帶便當

1 人份	熱量	脂肪	蛋白質	碳水化合物	膳食纖維
	583kcal	46g	36.1g	5.5g	1.5g

我試著把漢堡的內餡拆解開來做成沙拉。這是將大麥克的食材組合起來製成的，沙拉醬也是類似大麥克的醬料，所以應該叫做拆解大麥克沙拉才對？試著做做看，會發現好玩又美味喔！

食 材

牛絞肉 150g
豬油 1/2 大匙
鹽巴 適量
胡椒 適量
高麗菜 60g
小番茄 4～5 顆
切達起司 20g
大麥克醬 1 人份（45g）

大麥克醬（2 人份）

美乃滋 3 大匙
碎蒔蘿醃黃瓜 Tips 1 大匙
洋蔥末 1 大匙
無糖番茄醬 1 小匙
橄欖油 1 小匙
蘋果醋 1 小匙
赤藻糖醇 1/2 小匙
黃芥末醬 1/4 小匙
甜椒粉 1/8 小匙
胡椒 適量

Tips

材料中，蒔蘿醃黃瓜
是用鹽巴、醋、蒔蘿
做成的醃漬物。如果
沒加糖的話，那用任
何一種醃菜都可以。

作 法

1 把大麥克醬的材料調在一起。

2 將豬油放入平底鍋，加熱融化後將牛絞肉下鍋，以木勺翻炒 Tips 並用鹽巴調味。肉炒熟了之後就起鍋，灑點胡椒裝盤備用。

3 把高麗菜切成一口大小，小番茄對切，切達起司切成小塊備用。

4 把高麗菜裝在容器裡，待**步驟 2** 的炒牛肉冷卻之後鋪在高麗菜上，然後在灑上切達起司跟小番茄。

5 將大麥克醬另外拿容器裝起來，要吃時再淋上去。

Tips

這裡的牛肉要弄
成一塊一塊不規
則的樣子。

重點 POINT

牛絞肉不要弄成肉餅，而是要直接下鍋，煎成一小塊一小塊的不規則形，做起來簡單又方便。

生酮便當，
我吃飽了。

謝謝。

在低醣生酮料理研究家陳珠的幫助之下，
星期一、二、三、四、五，
都可以配合個人的狀況來準備便當。
藉著豐盛又飽足的每一餐，
度過充滿油脂又紮實的每一天，
讓你成為一個苗條又健康的人。

健康樹　健康樹系列 127

低醣生酮瘦身便當
진주의 키토 도시락

作　　者	陳　珠	
監　　修	宋在鉉	
譯　　者	陳品芳	
總 編 輯	何玉美	
主　　編	紀欣怡	
責任編輯	林冠妤	
助理編輯	李睿薇	
封面設計	比比司設計工作室	
版面設計	葉若蒂	
內文排版	許貴華	

出版發行	采實文化事業股份有限公司
行銷企劃	陳佩宜・黃于庭・馮羿勳・蔡雨庭
業務發行	張世明・林踏欣・林坤蓉・王貞玉
國際版權	王俐雯・林冠妤
印務採購	曾玉霞
會計行政	王雅蕙・李韶婉
法律顧問	第一國際法律事務所　余淑杏律師
電子信箱	acme@acmebook.com.tw
采實官網	www.acmebook.com.tw
采實臉書	www.facebook.com/acmebook01

Ｉ Ｓ Ｂ Ｎ	978-986-507-032-8
定　　價	380元
初版一刷	2019年9月
劃撥帳號	50148859
劃撥戶名	采實文化事業股份有限公司
	104 台北市中山區南京東路二段 95號 9樓
	電話：(02)2511-9798　傳真：(02)2571-3298

國家圖書館出版品預行編目資料

低醣生酮瘦身便當 / 陳珠著；陳品芳譯 . -- 初版 . -- 臺北市：采實文化，
2019.09
　面；　公分 . -- (健康樹系列；127)
ISBN 978-986-507-032-8(平裝)

1. 食譜 2. 健康飲食

427.17　　　　　　　　　　　　　　　　　　　108011393